¡ERES un
MILAGRO
ANDANTE!

TERESA ARNANDIS

¡ERES un MILAGRO ANDANTE!

Lo que los **CIENTÍFICOS** saben
y no te han contado sobre tu cuerpo

PAIDÓS

1.ª edición, mayo de 2022

© Teresa Arnandis Chinesta, 2022
© de las ilustraciones, Javier Pérez de Amézaga Tomás, 2022
© de todas las ediciones en castellano,
Editorial Planeta, S. A., 2022
Paidós es un sello editorial de Editorial Planeta, S. A.
Avda. Diagonal, 662-664
08034 Barcelona, España
www.paidos.com
www.planetadelibros.com

Diseño y maquetación: Eva Mutter

ISBN: 978-84-493-3938-7
Fotocomposición: Pleca Digital, SLU
Depósito legal: B. 6.360-2022
Impresión y encuadernación en Huertas Industrias Gráficas, S. A.

Impreso en España – Printed in Spain

A todos mis «vectores»,
porque le dais sentido y dirección
a mi vida

SUMARIO

✳ INTRODUCCIÓN ✳

LA COSA MÁS BELLA QUE PODEMOS EXPERIMENTAR
ES LO MISTERIOSO. ES LA FUENTE DE TODA VERDAD
Y CIENCIA. AQUEL PARA QUIEN ESA EMOCIÓN ES AJENA,
AQUEL QUE YA NO PUEDE MARAVILLARSE Y EXTASIARSE
ANTE EL MIEDO, VALE TANTO COMO UN MUERTO:
SUS OJOS ESTÁN CERRADOS.

ALBERT EINSTEIN, 1930

¡Enhorabuena! **Eres un auténtico milagro andante**, una máquina erguida de precisión con millones de engranajes diseñados, construidos, encajados y lubricados que funcionan de forma sincrónica. ¡Empieza a celebrarlo, eres una joya biológica única!

Atrévete a conocerte desde dentro y conecta contigo, puesto que es una de las experiencias más extraordinarias y conmovedoras. Es posible que navegando por los mares de la vida te hayas encontrado con esta frase: **«Todos somos estrellas y merecemos brillar»**, formulada por la estrella de cine Marilyn Monroe, amiga de Einstein, y también memorable por su melena y carisma. Voy a revelarte un secreto: la frase es más que acertada, y a lo largo de este libro vas a entender el porqué. Además, descubrirás lo que te hace una persona única, así como una serie de consejos y hábitos para mejorar tu salud y la de tu familia.

Asómbrate ante lo que acabas de hacer. Has logrado leer y comprender unas líneas escritas en las páginas de este libro, las has dotado de significado y, probablemente, te has emocionado o entusiasmado, pero no solo eso. La luz, esa radiación electromagnética del espectro visible, ha incidido en el texto, se ha reflejado y ha atravesado tu córnea, tu humor acuoso, tu pupila, tu cristalino y tu humor vítreo hasta llegar a la retina. Todo alineado, transparente y funcionando a toda máquina.

En el fondo de tu flamante ojo, una fina capa de conos de diferentes tipos absorbe las ondas de luz que corresponden a su intervalo. Estas pueden ser S (*short* o cortas; azules), M (*medium* o medianas; verdes) o L (*large* o largas; rojas). Como la talla de la camiseta que compraste el mes pasado: S, M o L. Gracias a la sensibilidad de tus fotorreceptores ante esta orquestada combinación de longitudes de onda se origina una cascada de procesos que culminan en impulsos nerviosos, los cuales viajan por el nervio óptico hacia la corteza cerebral, donde se interpretan y se dotan de sentido. ¡Una arquitectura y mecanismo ejemplar! Las fotos que retocas y editas con tu *smartphone* o el último capítulo de tu serie favorita fueron vistos y descifrados siguiendo este proceso.

Mi fascinación por el cuerpo humano es descomunal. Por ello, te garantizo que la lectura de este libro aumentará tus niveles de felicidad y bienestar, ya que te presentaré tu cuerpo desde una perspectiva inexplorada. Por ejemplo, si vieras cuán bellas, variadas y extraordinarias son tus células bajo el microscopio, redefinirías tus estándares de belleza.

En una sociedad en la que el marketing mueve las tendencias y los cánones estéticos en una única dirección, es casi imposible sentirse a gusto en la propia piel. Elimina la faja mental y los estándares de belleza externos para reivindicar tu propia esencia, siendo tú mismo. Ya lo decía, Coco Chanel, pionera en la liberación del corsé de nuestras cinturas e icono de estilo: **«Para ser irreemplazable, debes ser diferente»**. Por tanto, no le des la espalda a tu naturaleza única. Yo te voy a enseñar cómo, desde los pelos que te depilas hasta los eructos y pedos que disimulas, pueden ser vistos como auténticas obras de arte. No solo tardaron millones de años en aparecer y perpetuarse sino que, además, ejercen funciones esenciales para nuestro bienestar. Incluso algo tan grotesco como un vómito supone una coreografía de propulsión antigravedad y una coordinación entre órganos digna de admirar, y además nos protege de la ingestión de alimentos en mal estado o de patógenos.

Por otro lado, todo lo que experimenta tu cerebro, tanto los **estímulos externos como internos**, **influyen en cómo piensas y sientes**. El simple hecho de sonreír, aunque sea forzosamente (por ejemplo, sujetando un boli entre los dientes), te hace sentir un poquito más feliz, porque el cerebro se alimenta y vive las experiencias corporales. Y a la inversa, tus pensamientos también influyen en cómo te sientes. Si empiezas a imaginar una amenaza, ya sea real o ficticia, te empieza a doler el estómago, te entran ganas de ir al lavabo o incluso sientes ansiedad. Gracias al baño de conocimientos sobre tu cuerpo en el que vas a sumergirte con la lectura de este libro, te inundarás de pensamientos y reflexiones positivas. Como **creas lo que crees**, pues vamos a incorporar un pensamiento positivo o «mantra» que repetiremos siempre que podamos: **«¡Qué maravilloso! ¡Qué bien funciona! ¡Qué perfección de cuerpo tengo!»**.

Quizás te ha pasado: te presentan por primera vez a una persona, te llevas una primera impresión y, luego, a medida que la vas conociendo, su personalidad carismática, su seguridad en sí misma, su bondad o su generosidad te hacen verla y percibirla de un modo radicalmente distinto. Parece que tiene un físico o una apariencia diferente, sin haber pasado por el quirófano.

Su personalidad ha embellecido o ha transformado sus rasgos, o incluso su cuerpo. Este libro pretende ayudarte a **aumentar la confianza en ti mismo**, **la seguridad en tu imagen corporal y tu carisma** a través del conocimiento de tu interior. Podrás aplicar muchos de los consejos y trucos que te propongo para encontrarte mejor, pero el mero hecho de saber que **eres un prodigio de la naturaleza y que estás diseñado para brillar** te creará un aura absorbente de magnetismo y misterio a la que nadie, absolutamente nadie, podrá resistirse. ¿Puede haber algo más atrayente que el entusiasmo por el propio cuerpo? Ni la mejor combinación de cirugías y tratamientos estarían a la altura de una persona que irradia confianza en sí misma.

¡Atrévete a conocerte desde el punto de vista anatómico, fisiológico, bioquímico y molecular! Voy a hacer que flipes, te asombres, te rías o incluso que **tu propio cuerpo te seduzca y te acabes enamorando**

perdidamente de él. Lo que te voy a revelar te ayudará tanto a descubrirte y a quererte como a definirte. Queremos ser auténticos y presentarnos de la mejor forma, pero esto solo lo podemos conseguir desde el conocimiento profundo de nuestra auténtica naturaleza: líquida, sólida y gaseosa, propulsada por la mejor bomba, nuestro incansable corazón, y dirigida por un centro de control, nuestro magistral cerebro.

De hecho, si ahora te formulo la siguiente pregunta, ¿con qué respuesta te quedarías?

¿Cómo es la relación que mantienes con tu cuerpo?

1. No me gusta, lo veo desproporcionado o con defectos.
2. Lo veo normalito, del montón, pero no me considero una persona fea.
3. Cuando me ponga en forma, seguro que me gustará.
4. Bonito, me gusta lo que he recibido de la naturaleza.
5. Tremendo y brutal. Doy las gracias a mi ingenio esculpido durante millones de años de evolución por la selección natural. Quiero despertarme todos los días a su lado, para apreciar una puesta de sol, una conversación entre amigos, una mirada, un acorde, el cocido de mi abuela y hasta la risa de un niño, que incluso yo mismo podría haber engendrado.

No hay respuesta correcta. Recuerda tu respuesta. O mejor, anótala junto con 5 cosas de tu cuerpo de las que te sientas orgulloso. Me hará inmensamente feliz saber que al final del libro no solo habré conseguido que aprendas algo, sino que espero que acabes fascinado con todo tu cuerpo y, por ende, modifiques la respuesta a la pregunta anterior.

¡Entiende y descubre el abecé de tu cuerpo! No solo te permitirá apreciarlo y saciar tu curiosidad, sino que podrás comprender, conocer y dominar la terminología de las noticias científico-médicas de impacto mundial. Vamos, que estarás a la última y tendrás unas bases claras del conocimiento de tu cuerpo que te ayudará a discernir bulos de verdades. Te reto a que dudes de todo, hasta de la sombra que proyectas a las 11 horas del mediodía.

A lo largo del libro realizaremos un recorrido juntos desde lo más profundo de nuestro ser, la molécula ubicada en el interior de nuestros núcleos celulares y dotada de significado, el ADN, hasta nuestro organismo completo. Pasaremos por los diferentes aparatos y sistemas organizados según las 3 funciones primordiales de nuestro organismo: **nutrición, relación y reproducción**. Aunque no lo creas, a eso has venido a este mundo: a comer, hablar y copular. Todo ser vivo lo hace, así que no te estreses si no acabaste la derivada a tiempo o no has superado un minuto haciendo la plancha. Por último, acabaremos entendiendo la relación de nuestro cuerpo con los fármacos y las drogas: un viaje obligatorio hacia las particularidades del poder biotransformador y adaptativo de nuestro cuerpo.

El estilo ameno, sencillo y entretenido del libro lo hace ideal para cualquier persona interesada en su propio organismo. Al final se incluye un glosario con términos más específicos, para clarificar cualquier vocablo que al lector no le pueda sonar y un reto para testar lo aprendido en los más atrevidos.

Y ya, por último, quiero que a lo largo del libro **conectes con tu niño interior**, ese que pide apasionadamente una mascota, se alegra con un pajarillo silbando o se asombra con el queso fundido. Llévalo contigo siempre. Podría ser un buen maestro de mindfulness o atención plena en el momento presente. Tu inocencia, aunque ya perdida, no va a mermar tu capacidad de sorprenderte con todos los entresijos bioquímicos de tu templo. Y yo, como científica, divulgadora, docente y apasionada de la ciencia, espero infundirte este entusiasmo por el mundo microscópico absolutamente fascinante que se encuentra debajo de la piel que habitas. ¿Te atreves?

PRIMERA PARTE

La ARQUITECTURA de tu CUERPO: NIVELES de ORGANIZACIÓN

Te llevaste **el oro en la carrera de la vida.** Un gran triunfo en el camino por existir. Primera medalla del palmarés. ¿Sientes curiosidad por averiguar cuántas consigues? Sigue leyendo y las irás descubriendo.

La carrera comenzó con billones de competidores traídos de todos los ángulos del testículo, a cual más variopinto, con un admirable y potente tronco inferior para correr como el que más. Tú tenías confianza en ti mismo y sabías que esta hazaña épica sería un duelo a muerte: solo sobreviviría uno. Empezaste a marchar pulsátil, debatiéndote entre adelantar o seguir el ritmo. Tu cola parecía responder bien; habían sido tantos días de entrenamiento. Tu objetivo como célula sexual masculina (espermatozoide) era llegar el primero a la célula sexual femenina (óvulo).

Sabías que era bella, pero no tanto. Y cuando por fin la viste girando en la autopista uterina hacia la trompa, allí estaba: brillante, irradiando luz con su corona. Fue amor a primera vista: la célula sexual femenina y masculina destinadas a unirse. Sin dudarlo, valiente, sincero, honesto y feroz, la embestiste. Lo que ocurrió a continuación en el interior del cigoto te lo puedes imaginar: fusión de núcleos, sobrecruzamiento de material genético y una orquesta sinfónica de procesos de diferencia-ción. Tras 9 meses, y millones de mitosis más tarde, nacías tú. ¡El mila-gro de la vida en estado puro!

¡Aquí estás: genéticamente íntegro y cromosómicamente completo!

Tus cromosomas, formados por ADN fuertemente empaquetado, se unieron para formar todos los bloques de tu templo, el cual debe ser honrado y admirado, como si de un monumento se tratara. Al fin y al cabo, es tu mejor amigo para lo bueno y para lo malo, en la riqueza y en la pobreza, en la salud y en la enfermedad, todos los días de tu vida. Ro-mantizar la relación con tu cuerpo no será una mala idea, como habrás podido deducir en las pocas líneas que llevas leídas.

Y no solo eso. El intrincado entramado de tejidos, que conforman tu cuerpo, ha adquirido tal nivel de complejidad que te has convertido en la **especie animal dominante** en la Tierra. Nada predecía que ibas a serlo, pero ¡lo conseguimos!

En este bloque vamos a recorrer los diferentes niveles de organiza-ción arquitectónica de nuestro santuario. Comenzaremos con la estruc-tura ubicada en las profundidades de los núcleos celulares y provista de instrucciones biológicas, el ácido desoxirribonucleico o ADN, hasta el organismo como un todo con ejecución de funciones superiores.

Y pensar que todo surgió hace 13.800 millones de años a partir de una gran explosión o Big Bang de materia y energía electrodensa. Tiempo, espacio y materia nacían. Pero ¿cómo podrían estos átomos y moléculas inertes llegar a adquirir la capacidad de autoperpetuarse?

✳ 1 ✳
Antes De Nada:
el ADN, tu huella genética

El misterio de la vida. Esa gran incógnita que sigue acechando nuestros pensamientos y los de miles de científicos y filósofos. ¿De dónde surgió? ¿Por qué? ¿Pura coincidencia o no? Todo podría haber dado un giro inesperado y seríamos polvo de estrellas. Pero no, aquí estamos millones de años después de la gran explosión: pieles sintiendo, corazones palpitando y cerebros soñando.

Tu cuerpo es único, nadie tiene uno como el tuyo. Está compuesto por millones de átomos venidos de todas las partes del universo. La manzana que te acabas de comer se produjo gracias al sol, al agua, al dióxido de carbono y a las sales del suelo donde estaba su manzano. Todos los glúcidos, las proteínas y las grasas de esta manzana se incorporarán a tu cuerpo y formarán las moléculas que necesitas para existir y desarrollar tus funciones vitales. Así que no te desanimes si no has estado en Japón o en Tulum, puesto que los átomos de tu cuerpo ya disfrutaron de su cultura. Además, esto significa que molecularmente hablando, tus huellas dactilares podrían tener parte de las de Mozart, tus cuerdas vocales parte de las de Freddie Mercury y tus cuádriceps parte de los del *Tyrannosaurus rex*, extinto hace miles de años. Y ¿cómo puede ser esto posible?

Toda la materia viva está compuesta de los mismos átomos y moléculas, las cuales fluyen continuamente entre toda la materia viva e inerte, formando los **ciclos biogeoquímicos**. Así, los átomos de una semilla pueden dar lugar a un pino, pero esta también puede ser ingerida por un jabalí, que incorporará estas proteínas en su músculo. A su vez, tú podrás ingerir directamente la semilla del pino o el músculo del jabalí, y los átomos de esta se incorporarán directa o indirectamente a través del jabalí en tu templo.

De los 118 elementos que componen actualmente la tabla periódica, 5 (carbono, hidrógeno, oxígeno, nitrógeno y fósforo) son característicos e indispensables en las moléculas de los seres vivos. Entre estas biomoléculas destacamos **los nucleótidos, los aminoácidos, los azúcares y los lípidos**. Pero ¿cómo aparecieron estas piezas clave para la vida?

Según los expertos, la Tierra se formó hace 4.650 millones de años, al condensarse la materia orbitante alrededor del sol debido a la gravedad que este ejercía, lo cual originó además el resto de planetas que configuran el actual sistema solar. Mientras esto ocurría, la superficie de la Tierra era bombardeada por meteoritos y cometas. Estos asteroides llevaban moléculas como el hielo, que al chocar con la superficie caliente de la Tierra, se derretía y formaban agua y vapor. El posterior enfriamiento del vapor ocasionó una lluvia continua que duró miles de años y originó los océanos. Estos constituyen el caldo de cultivo para el inicio de la vida, pero también la señal de identidad de nuestro astro, el planeta azul.

Las primeras células y, por tanto, los primeros seres vivos aparecieron hace 4.300 millones de años, gracias al registro de microfósiles encontrados en corrientes submarinas hidrotermales en Canadá. Las huellas rocosas que han dejado estos organismos rudimentarios nos han hecho formular múltiples teorías respecto a la transición químico-biológica.

Desde la Antigüedad hasta el siglo XIX se pensaba que la materia procedía de la **generación espontánea**. De este modo, un tronco sumergido en aguas turbias daba lugar a un cocodrilo, y las carnes en descomposición formaban gusanos. Louis Pasteur demostró de manera concluyente con sus experimentos que la vida solo podía proceder de otra vida preexistente. Utilizó un recipiente de laboratorio, concretamente un matraz en forma de cuello de cisne, al que añadió caldo de carne que hirvió para esterilizar. Los matraces que mantenían el cuello en forma de S no se contaminaron, ya que permitían la entrada de oxígeno, pero retenían en los recovecos del cuello del matraz el polvo y las bacterias. Sin embargo, en los matraces con cuello fracturado o roto, el caldo se volvió turbio debido al crecimiento de microorganismos contaminantes. Demostró que **la vida solo procede de la vida**.

A mediados del siglo XX, varios bioquímicos iniciaron lo que se conoce como química prebiótica, la cual investiga el paso de moléculas inorgánicas a moléculas orgánicas típicas de los seres vivos, usando los compuestos de la atmósfera primitiva: metano, amoniaco, hidrógeno, vapor de agua y compuesto sulfúricos, entre otros. Experimentos llevados a cabo por el bioquímico Oparin, y retomados por Miller-Urey, demostraron que en las condiciones terrestres ancestrales, que incluían tormentas eléctricas y radiación ultravioleta, se generaban moléculas orgánicas como aminoácidos. Estos podrían haber constituido la simiente para la futura agregación y agrupación de biomoléculas que formarían las primeras protocélulas.

Otras teorías apuntan al uso de soportes físicos, como los minerales o las arcillas, ya que su estructura organizada podría haber servido como molde para el ensamblaje de las primeras moléculas. Dado que casi todas las biomoléculas se forman por la repetición de unidades más simples encadenadas, el mineral sería como un molde de galletas, en el que sobre cada hueco se deposita un poco de masa para formar una estructura más grande con un patrón constante.

¿Cuáles fueron entonces los primeros monómeros? Tenemos a los defensores del «modelo del ARN» (ácido ribonucleico), a los partidarios de «primero el metabolismo» y a los acérrimos de la «teoría de importación de vida» desde el espacio exterior (panspermia), entre otras. Todas estas posibilidades presentan evidencias a favor, pero ninguna resuelve con exactitud el intrigante misterio.

Aquí, el dilema del huevo o la gallina se concreta del siguiente modo: si lo primero en aparecer fueron los genes, estos necesitan proteínas para replicarse, y las proteínas a su vez necesitan genes para producirse. Entonces ¿qué surgió primero? Y aunque ahora seguramente no podrás responder a la pregunta, espero que después de este bloque llegues a concluir este terrible dilema.

¿Qué me hace único?

¡Enhorabuena! Eres el embajador de una **combinación única de genes**, extraordinariamente irrepetible y singular, que nunca antes se había visto y nunca más volverá a darse. ¡Aquí te llevas el gran honor de haber aprobado las oposiciones al cuerpo diplomático, y sin haber estudiado! ¡Qué envidia, contigo rompieron el molde! Un contrato indefinido que firmaste al nacer y que te escogió como el mejor representante de tu ADN: el texto que contiene las instrucciones sobre cómo eres y serás.

Hasta el siglo XX se desconocía la partícula encargada de portar la información genética. No fue hasta 1953 cuando **Watson y Crick** propusieron su estructura basándose en sus modelos de predicciones de bolas y en la famosa fotografía 51, tomada por la maravillosa **Rosalind Franklin**. Sus conclusiones fueron publicadas en la revista *Nature*: **el ADN forma una doble hélice**, compuesta por 2 hebras complementarias y antiparalelas que se enrollan y se abrazan, como 2 adolescentes en plena efervescencia (¡símil final producto de la ficción!).

Ambos fueron galardonados con el Premio Nobel de Medicina y Fisiología en 1962 junto con Maurice Wilkins, el compañero de laboratorio de Rosalind Franklin. Nuestra admirada Rosy, como ellos la llamaban, se quedó sin el Nobel, pero siempre será recordada en nuestras memorias como una evidencia de la desigualdad femenina en los descubrimientos científicos. En su caso, los experimentos de difracción de rayos X que le permitieron tomar la imagen de la aclamada molécula le costaron la vida, al fallecer prematuramente de cáncer de ovario a los 37 años. Precisamente, los niveles elevados de radiación, como sucede cuando existe una exposición constante a los rayos X, ocasionan mutaciones en el ADN, las cuales podrían haber causado su tumor ovárico. Paradojas de la vida, en su certificado de defunción consta lo siguiente: «Científica investigadora, soltera, hija de Ellis Arthur Franklin, un banquero». Paupérrima definición para una científica de tan mayúscula trascendencia.

¿Cómo se guarda la información responsable de lo que soy?

Los 4 puntos cardinales, los elementos primitivos, los 4 fantásticos, las tortugas Ninja, los Beatles, ABBA, Queen… ¿Pura coincidencia? ¡Todo lo grande parece estar formado por 4 componentes! Y el abecedario de la biología también se suma a la tendencia, ya que solo contiene 4 letras: ¡A, C, G, T!

La molécula de ADN consta de 2 cadenas que forman una doble hélice a modo de escalera de caracol. Cada una de las cadenas está constituida por **nucleótidos como unidad básica** funcional encadenados de la misma forma que las cuentas de un collar. Cada cadena tiene una parte periférica constante (la barandilla) formada por un grupo fosfato y un azúcar, al cual se engancha a una de las siguientes 4 bases nitrogenadas (los escalones de la escalera): adenina (A), citosina (C), guanina (G) y timina (T). Las 2 cadenas de la doble hélice se mantienen unidas por enlaces entre las bases; la adenina se enlaza con la timina (A-T), y la guanina con la citosina (G-C). ¡Cuántos estudiantes han recurrido a los **A**gentes de **T**ráfico (A-T) y a los **G**uardias **C**iviles (G- C) para acordarse de estos famosos emparejamientos!

Las instrucciones para formar todas las especies que pueblan la Tierra, incluido tú mismo, dependen del orden de estas 4 letras. Tu legado genético heredado de tus padres se encuentra escrito en esta secuencia de bases y está presente en el núcleo de todas tus células. Más de 3.000 millones de bases a los que hay que añadir los 16.569 pares de bases que contienen **las mitocondrias heredadas exclusivamente de tu madre**. El ADN mitocondrial es bicatenario, circular y cerrado, igual que el que se encuentra en las bacterias, lo cual evidencia nuestro humilde pasado bacteriano.

Para que la célula se divida, el ADN debe duplicarse a lo largo del ciclo celular, lo cual tiene una duración de **varias horas**. La enzima encargada de su duplicación, la ADN polimerasa, añade los nucleótidos a una velocidad de **50 bases por segundo** y, si haces cálculos, copiar los 150 millones de bases de cada cromosoma costaría aproximadamente **1 mes**. Esto es gracias a que existen múltiples burbujas de replicación que inician el copiado en varios puntos de la hebra de ADN. De hecho, sin estos orígenes múltiples de replicación, las madres tendrían que estar embarazadas durante 540 años antes de dar a luz a un bebé sano. Además, para más perfección, tenemos un conjunto de **proteínas** que repasan las hebras copiadas en busca de errores y los **corrigen** antes de que pueda ser demasiado tarde. El corrector de Google se queda corto ante nuestra capacidad de enmienda y revisión de textos.

Un gen es un segmento de longitud variable de ADN que contiene la información necesaria para la **síntesis de una proteína**, formada por una secuencia variable de aminoácidos. Las proteínas son, por tanto, polímeros de aminoácidos (monómero) que realizan una actividad y función específicas en el organismo. Los genes se hallan dispuestos en un orden y posición fijos a lo largo de un cromosoma, y determinan la aparición de los caracteres hereditarios en los seres vivos: la altura, el color de ojos, la predisposición a los resfriados, etc. Así, cada cromosoma contiene unos cuantos cientos o miles de genes, uno detrás de otro, en hilera. Por ejemplo, el cromosoma 2 alberga 1.300 genes, y si lo estiras, llega a medir 8 centímetros. El ADN de todos los cromosomas de una célula estirados y en línea llega a medir 2 metros, y si se junta todo el ADN de tus 30 billones de células, la longitud equivaldría a ir y volver 600 veces de la Tierra al sol.

Además, tu genoma es como un vasto océano con grandes zonas de ADN no codificante que, aunque parezca que no desempeñen un papel, son fundamentales tanto en el encendido y apagado de los genes como en la protección de las secuencias que sí codifican proteínas. Por ejemplo, los extremos de los cromosomas contienen secuencias repetitivas de ADN no codificantes llamadas «telómeros», cuya principal función es proteger al ADN codificante. Su estudio es esencial en procesos degenerativos y de envejecimiento, ya que, con cada división celular o mitosis, estos telómeros se van acortando, lo cual merma su función protectora.

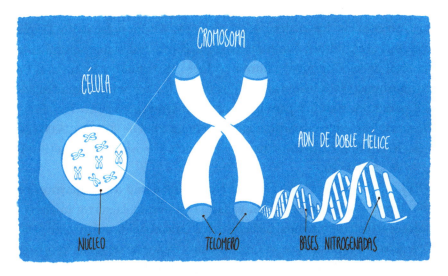

Te voy a poner un ejemplo para que entiendas todo esto de un modo muy gráfico. Imagina que viajas a Nueva York (la ciudad es tu cuerpo) y quieres visitar los diferentes barrios (diferentes tipos de tejidos): Brooklyn, Bronx, Manhattan, Queens y Staten Island. Cada barrio tiene muchas manzanas (tus células), y estas a su vez tienen, cada una, 46 bloques de edificios (los 46 cromosomas). En cada bloque hay muchos apartamentos (los genes de cada cromosoma) y dentro de cada apartamento conviven varias personas (los nucleótidos de cada gen).

En cada apartamento, las personas deciden realizar un trabajo en grupo: construyen puentes, vigilan la salud de las personas, velan por la formación de los niños, entretienen, cobran impuestos, etc. Hay apartamentos donde no se realiza ninguna función, pero sirven para proteger espacialmente la estructura del bloque. Este pequeño bullicio local en cada manzana —en cada una de tus células— es el que determina el funcionamiento del barrio y, por último, de la ciudad.

¿Qué es lo que me diferencia de un ratón?

Cuando te lanzaste a nadar en forma de espermatozoide, solo tenías 23 cromosomas, los cuales nadaron raudos y veloces hacia los 23 que contenía el curvilíneo óvulo de tu madre, con lo cual acabaron sumando un total de 46. Con mucha honra los luces, distribuidos en 22 pares de cromosomas (44 autosomas), que junto con los 2 cromosomas sexuales, XX para mujeres y XY para hombres, constituyen **tu genotipo**. En el *Homo sapiens*, estos cromosomas albergan un total de 20.000 a 25.000 genes, descifrados exitosamente en el Proyecto Genoma Humano (PGH) el 14 de abril de 2003.

El **Proyecto Genoma Humano** constituye uno de los mayores retos científicos de la humanidad y, hasta el presente, la mayor iniciativa colaborativa internacional de la historia. Oficialmente se lanzó en 1990, y su objetivo fundamental era secuenciar y cartografiar todos los genes del hombre desde un punto de vista físico y funcional.

Entre las principales conclusiones del estudio figuran las siguientes:

✳ Cada persona **comparte un 99,9 por ciento del material genético con el resto de los seres humanos**, un 98 por ciento con los chimpancés, un 90 por ciento con los ratones, un 61 por ciento con la mosca de la fruta y un 60 por ciento con las bananas. La diferencia radica en la secuencia de las bases, así como en variaciones en las posiciones y en los números de cromosomas y genes.

✳ Este 0,1 por ciento de diferencia entre personas se explica por **cambios en alguna de las bases**. Si estos cambios predominan en un porcentaje de población mayor o igual al 1 por ciento, se les llama «polimorfismos nucleótidos únicos» (*Single Nucleotide Polymorphism*, SNP). Estas variaciones determinarán que una persona sea alérgica a un determinado alimento, susceptible a las adicciones, o tenga predisposición a sufrir una determinada enfermedad.

✳ Algunas enfermedades son causadas por **defectos genéticos** (anemia falciforme, fibrosis quística, hemofilia, etc.), mientras que otras se deben a mutaciones de los genes que aparecen con determinados **factores ambientales y con la edad** (enfermedades autoinmunes, cáncer).

✳ Aunque algunos rasgos solo vienen definidos por **un único gen** (por ejemplo, el gen ABO determina exclusivamente tu tipo sanguíneo), la mayoría de las características vienen determinadas por **varios genes** (poligénicas) y **alteradas por factores ambientales** (multifactoriales). Tus genes determinan tu posible altura, pero esta solo se alcanza si a lo largo de la niñez se dan las condiciones idóneas para que todos los tejidos se estilicen adecuadamente. Lo mismo ocurre con la inteligencia.

¿Qué hace un gen para que yo tenga los ojos marrones?

La síntesis de una proteína a partir de un determinado gen requiere de un intermediario, el ácido ribonucleico mensajero (ARNm). Metafóricamente hablando, el gen es la receta de cocina para realizar un delicioso *brownie*, el ARNm es la masa intermedia, y la proteína es el producto final que sale del horno, en este caso de los ribosomas.

Acabas de descubrir el **dogma central de la biología molecular**: **ADN → ARNm → proteína**.

En ocasiones, un gen genera más de una proteína, debido a que el ARNm sufre un procesamiento alternativo o diferencial. Siguiendo con el ejemplo anterior, sería como usar los ingredientes del *brownie* para hacer otro producto final, ya sea un *coulant* o un bizcocho de chocolate. Y, por supuesto, hay genes que ni siquiera codifican proteínas; en su lugar, generan moléculas de ARN con actividad funcional propia.

Las proteínas son las principales responsables de tu apariencia. Son las que **ponen en práctica la información** teórica contenida en los genes. Forman parte de los tejidos del cuerpo y determinan cómo serán tus ojos, tu pelo, tu color de piel y cualquier rasgo que puedas imaginar.

El color de los ojos resulta de la pigmentación de una estructura del ojo llamada «iris», el cual rodea a la pupila —es el agujero negro central— y puede variar en un continuo desde el azul muy claro, pasando por el verde y el avellana, hasta el marrón oscuro. El color de los ojos es un rasgo multigénico, lo que significa que viene determinado por más de 10 genes que están sobre todo involucrados en la producción, el transporte o el almacenamiento de un pigmento llamado «melanina», producido por los melanocitos responsables también del color de la piel y el pelo.

Esto significa que para que tengas los ojos marrones debe haber una perfecta síntesis de todas las proteínas de la vía generadora de la melanina en el iris. Los ojos marrones contienen una gran cantidad de melanocitos y melanina, mientras que los ojos azules tienen poca cantidad de este pigmento protector, con lo que tendrán una mayor propensión a la fotosensibilidad, es decir, a sufrir molestias o irritación inducida por la luz del sol.

El color azul de los ojos aparece por la dispersión de la luz que causan las fibras de colágeno blancas que hay en el iris. Las diferentes tonalidades de marrón, azul y verde vienen entonces determinadas tanto por la cantidad de melanina como por el grosor y la densidad de las fibrillas de colágeno blanco en el iris.

Cualquier alteración en las proteínas que forman la melanina puede causar trastornos oculares. Por ejemplo, el albinismo ocular resulta de mutaciones en genes implicados en la producción y el almacenamiento de melanina, lo cual da lugar a ojos muy claros con problemas de visión. La heterocromía, es decir, la presencia de ojos de diferentes colores en el mismo individuo puede estar causada por cambios genéticos o por un problema durante el desarrollo, o incluso por una lesión. Que se lo digan a David Bowie, famoso icono de la heterocromía, poseedor de un ojo azul y otro marrón oscuro. En realidad, lo que sufría era una dilatación permanente de la pupila como consecuencia de un puñetazo que recibió con 15 años. Esta condición de diferente tamaño pupilar entre los dos ojos se llama «anisocoria».

¿Cómo han aprendido las células a leer el ADN?

Si el ADN y el ARNm están formados **por 4 letras diferentes** y las proteínas **contienen 20 aminoácidos**, ¿cómo hacen las células para poner en práctica la información de los genes en las proteínas? Este proceso se lleva a cabo gracias al **código genético**, el más intrigante de los misterios de la biología, que no fue descubierto hasta el siglo XX por varios científicos, incluyendo el grupo de Ochoa, Nirenberg y Khorana.

Se halló y definió el significado de todas las posibles combinaciones de 3 letras (tripletes o codones) del ADN, para constituir posteriormente el código genético. Por ejemplo, las letras TAC se leen y se traducen a aminoácido como Tirosina, sin embargo, las letras TAA se traducen como «fin de la proteína», con lo que no se incorpora ningún aminoácido más a la proteína en síntesis. Como ves, una mutación en una sola letra puede hacer que la proteína se complete o aparezca truncada, y por tanto carezca de función. Este gran descubrimiento los llevó a una gran recompensa, ganar el Premio Nobel de Medicina y Fisiología.

El código genético **es universal.** Todas y cada una de las especies que pueblan la Tierra se rigen por el mismo código genético, desde las bacterias que campan por las profundidades oceánicas hasta las salamandras de las rocas de Ibiza o las células de tus orejas.

El **ARN** es el **intermediario común en todas las especies** para traducir los genes a proteínas. Además, tiene un dinamismo y una versatilidad que lo convierten en una de las moléculas más importantes para las teorías del **inicio de la vida**, ya que él mismo puede catalizar su propia replicación. Esto ha propiciado que, hoy en día, se considere al ARN como una de las moléculas que con mayor probabilidad habría formado los primeros seres vivos de la Tierra. De hecho, hay organismos como determinados virus muy rudimentarios que solo contienen ARN, lo que evidencia su sencillez y los convierte en auténticos fósiles vivientes.

¿Se puede saber quién es el padre de un niño a partir de un cepillo de dientes?

El descubrimiento de la estructura del ADN, su secuenciación y la interpretación del código genético ha supuesto una revolución en la biología del siglo XXI. Identificar la huella genética ha permitido el desarrollo de la ingeniería genética, la medicina personalizada y forense, la filogenética y la bioinformática, entre otras. Desde el año 1985, ante cualquier delito, las huellas dejadas por el infractor identifican de forma inequívoca al mismo y permiten exonerar a los inocentes. En estudios antropológicos, el ADN se usa para establecer el origen, la evolución y las migraciones de grupos humanos.

Lo mismo sucede en el caso de las pruebas de paternidad: hay varios padres posibles, pero solo uno será el biológico, ya que habrá aportado los otros 23 cromosomas al óvulo. Para realizar una prueba de paternidad mediante el análisis de ADN, tan solo se necesitan muestras biológicas del hijo y del presunto padre. Tradicionalmente, se utilizan raspados de la mucosa bucal o muestras de sangre. Sin embargo, hoy en día también se pueden usar: pelos con raíz, cepillos de dientes, colillas de cigarro, pañuelos con mucosidades, chupetes, preservativos, cordón umbilical, semen, líquido amniótico, biopsias u otros restos orgánicos presentes en todo tipo de prendas u objetos.

¿Para qué sirve conocer mi secuencia genética?

Conocer la secuencia de nuestro material genético tiene unas aplicaciones inimaginables, y cada día aparecen nuevos hallazgos que permiten incluso lo impensable: **editar nuestro ADN**. Básicamente, un CTRL+X y CTRL+V en toda regla, gracias al desarrollo de tijeras moleculares basadas en **la tecnología del CRISPR-Cas9**, galardonada con el Premio Nobel de Química en 2020. Esta técnica de cirugía genética usa una proteína programable llamada Cas9 que corta el ADN en un punto concreto gracias a la presencia de un ARN guía, el cual contiene secuencias cortas llamadas CRISPR (del inglés *Clustered Regularly Interspaced Short Palindromic Repeats*) que hibridan de forma complementaria en la región diana del ADN que editar. El corte de la doble hebra de ADN permite el reemplazo de genes defectuosos por genes funcionales.

De hecho, con esta tecnología **pueden erradicarse enfermedades genéticas** como las causantes de la distrofia muscular, varios tipos de anemias, la hemofilia, la fibrosis quística y muchos otros trastornos genéticos. Incluso la aplicación de esta tecnología de forma tópica o externa en organismos adultos ha mostrado resultados prometedores: una inyección directa en el oído interno de ratones Beethoven, que tienen un gen defectuoso que causa sordera progresiva, como la que aquejó al gran compositor Beethoven a los 30 años, revierte la audición.

Un hallazgo histórico, no solo por su infinita trascendencia biológica, sino también por ser la primera vez en la historia que dos mujeres científicas comparten de manera exclusiva un Premio Nobel de ciencias: **Emmanuelle Charpentier y Jennifer Doudna**. Una historia poco convencional grabada en sus nombres: las «carpinteras» (*charpentier* en francés) del ADN (DouDNA, *DNA* en inglés). La microbióloga Emmanuelle Charpentier empezó estudiando cómo dos moléculas de ARN interaccionaban formando un sistema antiviral en bacterias, lo que le llevó a la publicación de un artículo en *Nature* en 2011, cuya primera firmante era una estudiante de máster (¡ni siquiera los doctorandos o estudiantes posdoctorales apoyaban su idea!). Ese mismo año conoció a Jennifer Doudna, una reputada bióloga estructural que trabaja precisamente en ARN. A partir de ahí empezaron a colaborar, y un año después publicaron juntas en *Science* el trabajo que les llevó al Nobel.

¡Enhorabuena, chicas, es **increíble lo que pueden hacer dos mentes femeninas unidas**!

Pero, como en todo premio, siempre hay un perjudicado y esta vez le tocó al brillante microbiólogo español **Francisco Mojica**. Fue el primero en descubrir y publicar las secuencias CRISPR del ARN guía, halladas en bacterias de las salinas de Santa Pola ya en el año 1993. También fue el primero en descubrir que estas secuencias forman parte del sistema inmunitario bacteriano. Aunque ambos trabajos son la base de todo, le costó muchísimo publicarlos. ¡Creo que es justo incluirle como héroe dentro de la saga tan exitosa de CRISPR-Cas9!

¿Por qué un gemelo parece más joven que el otro?

Tu cuerpo es único. Nadie tiene un cuerpo como el tuyo, siempre y cuando no tengas un gemelo.

Los **gemelos o univitelinos** vienen de la fecundación de un mismo óvulo y, por tanto, de **un único cigoto**. Lo que ocurre es que a lo largo del proceso de desarrollo embrionario se divide en 2 pequeñas masas de células que se convertirán en 2 bebés con la misma carga genética y del mismo sexo (2 niños o 2 niñas). Si un par de gemelos se casa con otro par de gemelos, sus respectivos hijos, aunque primos filogenéticamente hablando, podrían considerarse hermanos por parentesco genético.

Otra historia son los **mellizos o bivitelinos**, que vienen de la fecundación de **2 óvulos y de 2 espermatozoides diferentes**, y que por diversos motivos (predisposición genética a ovular más de un óvulo al mes, implantación de varios embriones debido a técnicas de fertilización in vitro, etc.) coinciden en tiempo y espacio en el útero materno, con lo que **son como hermanos, pero nacidos a la vez.**

Los conocimientos actuales concluyen que hasta los gemelos con la misma información genética acaban siendo diferentes tanto física como psicológicamente. Y esto se debe a **la epigenética** (la regulación que existe «por encima» de la secuencia genética) **y los factores ambientales que la modifican**.

Tu apariencia se verá moldeada por el lugar donde estés, el tipo de luz al que te expongas, el ejercicio que realices, lo que comas, lo que te estreses e incluso el tipo de pensamientos que tengas. Además, recientemente se ha descrito que los gemelos tienen en común un 30 por ciento de su microbiota, por lo que las bacterias que constituyen el 70 por ciento restante serán responsable de las diferencias observadas a nivel de metabolismo y procesado de alimentos entre otros procesos. Esto significa que hasta comiendo las mismas cantidades del mismo alimento absorberán diferentes nutrientes.

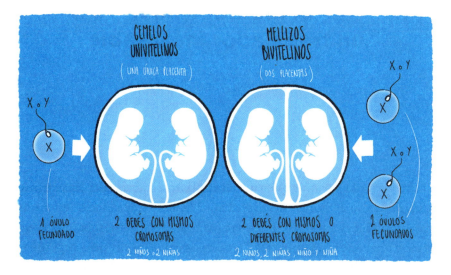

Los telómeros, las regiones de ADN repetitivo que protegen los extremos de los cromosomas, se van acortando con la edad y nos predisponen a enfermedades. Sin embargo, todo lo que hacemos influye en su longitud. Cuando más largos sean, más joven te mantienes. Se ha demostrado que **los telómeros se pueden alargar** si eres capaz de tener una **visión positiva** de ti mismo, un **diálogo interno compasivo** y **bajos niveles de estrés**.

Uno de los mejores trucos para disminuir la cantidad de cortisol, la hormona del estrés, ante situaciones difíciles o problemas es cambiar nuestra perspectiva: si **en vez de un «problema» tengo un «reto»** que afrontar, la amenaza pasa a ser divertida y desafiante, con lo que el cuerpo responde de forma más favorable. ¡Optimiza tu respuesta ante los problemas, al tiempo que alargas tus telómeros!

De hecho, con la lectura de este libro vas a maravillarte tanto por todo lo que hace tu cuerpo, que el cambio en tu diálogo interno hacia la amabilidad y el agradecimiento ya empieza a jugar a tu favor y ¡está alargando tus telómeros! ¡Enhorabuena, no pares, sigue, sigue!

✳ 2 ✳

El metabolismo, un trabajador incansable

¿Te has parado a pensar que **tu metabolismo** trabaja silenciosamente y sin descanso 24 horas, 365 días al año? Millones de reacciones químicas simultáneas para proporcionar los bloques y la energía para construir y mantener tu santuario. Tu cuerpo regula los niveles sanguíneos de glucosa, filtra orina, produce gametos sexuales, combate patógenos y cierra heridas, entre otros procesos biológicos. Y todo a cambio de una modesta cantidad de energía que tú le proporcionas con los alimentos.

La palabra *metabolismo* deriva del griego *metabole*, que significa «cambio», y del sufijo *-ismo*, que significa «cualidad». Es decir, es la cualidad que tenemos los seres vivos de poder cambiar químicamente la naturaleza de las moléculas ingeridas. Esto es precisamente lo que nos diferencia de lo inanimado.

Mantener nuestro orden molecular interno a pesar del creciente aumento de la entropía, o desorden del universo, tiene un coste de energía. Piensa que no siempre será así, y llegará la «postrera sombra» (¡cuando más tarde, mejor!), momento en que tu entropía aumentará y fluirá en consonancia con la del cosmos. En definitiva, tus moléculas serán la semilla para el florecimiento de nueva vida, ya sea una flor, un pajarillo o incluso las nubes y los océanos.

Vamos a centrarnos ahora en asuntos prácticos: ¿Cómo mantienes el orden molecular interno de tu organismo? Gracias al bendito e incansable metabolismo, un continuo equilibrio entre reacciones de construcción y destrucción de moléculas. La construcción o **ensamblado de moléculas grandes requiere energía** (un proceso denominado «anabolismo»), mientras que la **destrucción de estas moléculas grandes genera energía** («catabolismo»). Entonces, ¿dónde puedo obtener los bloques de esas moléculas y la energía para ensamblarlas?

Tanto los bloques como la energía la obtenemos de los alimentos que ingerimos. Como seres heterótrofos que somos, necesitamos moléculas orgánicas con átomos de carbono fabricadas por otros seres vivos (animales o plantas) para obtener energía y realizar nuestras funciones vitales.

Estas moléculas, una vez digeridas, son absorbidas en el tubo digestivo en su versión simple o monomérica, para distribuirse a través del sistema circulatorio a todas las células de tu cuerpo. De acuerdo a nuestra necesidad energética, la maquinaria metabólica en el interior de la célula (las llamadas «enzimas»; véase la explicación más adelante) regulará las reacciones químicas para oxidar estas moléculas y obtener energía (catabolismo), o bien para almacenarlas y guardar energía (anabolismo). En la tercera parte del libro se ofrecen más detalles sobre las principales biomoléculas de la dieta y sobre el proceso de absorción, digestión y excreción.

Nuestro metabolismo es oxidativo o aeróbico, con lo que requiere oxígeno para llevarse a cabo. Las plantas transforman el dióxido de carbono que nosotros exhalamos en oxígeno, gracias a la luz solar, mediante la fotosíntesis. No hay que olvidar que sin plantas, tanto terrestres como marinas, no hay oxígeno, y sin oxígeno no podemos vivir. Nuestra vida depende exclusivamente de los espacios verdes. Es imperativo y de prioridad máxima cuidar todos nuestros ecosistemas, ya que son la mejor garantía de que continuemos «metabolizando» sobre la superficie terrestre.

¿Quemo calorías si no me muevo?

Tu cuerpo es una **máquina muy eficiente de movimiento**, de producción de energía y calor. La **tasa metabólica basal** representa el gasto energético o las kilocalorías (Kcal) mínimas para poder realizar y mantener las funciones vitales de tu cuerpo **en estado de reposo** y, por tanto, sin movimiento: la respiración, la circulación sanguínea, la temperatura corporal, la renovación celular, etc. Depende fundamentalmente de tu constitución genética. La tasa metabólica basal es como dejar el ordenador hibernando, mientras que la tasa metabólica total es el consumo final después de haber usado el ordenador y sus diferentes programas.

Puedes calcular la energía que tu cuerpo necesita a diario con la ecuación de Harris-Benedict, que tiene en cuenta el peso, la altura, el sexo y la edad. Se mide en kilocalorías, al igual que los alimentos que ingieres. Para que no se produzca ningún desequilibrio entre lo que consumimos y lo que gastamos, la Organización Mundial de la Salud (OMS) aconseja un consumo de unas 2.000-2.500 Kcal/día en hombres y de 1.500-2.000 Kcal/día en mujeres.

Si ingerimos más calorías de las que quemamos, desequilibramos el balance y cogeremos peso o aumentaremos de talla. No obstante, existen diversos factores que influyen en el gasto calórico, así como diferentes situaciones en las que se requiere un mayor o menor aporte energético. Por ejemplo, el **embarazo** requiere un **mayor consumo energético**, sobre todo a partir del segundo y tercer trimestre, para favorecer el crecimiento del bebé. En el otro extremo, una persona que quiera bajar de peso debe disminuir su consumo energético en unas 500 Kcal/día aproximadamente.

Para una movilización activa de la grasa mediante el ejercicio, y para que se inicie su oxidación en el interior de la mitocondria, necesitamos agotar nuestras reservas de glucosa inmediatas como el glucógeno, y solo en este caso, **después de 30-40 minutos de actividad**, se inicia la lipólisis, es decir, **se quema la grasa**. Por tanto, la primera media hora de ejercicio consume azúcares en vez de grasas. Cuando perdemos peso, la grasa quemada u oxidada se elimina en forma de dióxido de carbono (84 por ciento) con la respiración, y en forma de agua (16 por ciento) a través del sudor, la orina y otros fluidos corporales. Hay que tener en cuenta que la grasa pesa menos que el músculo, con lo que **la pérdida** de peso no es el mejor parámetro para rutinas de adelgazamiento. En este sentido, la disminución de la talla y la pérdida de volumen en determinadas zonas corporales es lo ideal.

El ejercicio físico es uno de los mejores activadores metabólicos que se conoce, ya que aumenta la tasa metabólica y, por tanto, las kilocalorías que consume nuestro cuerpo en un día. Para poder calcular la energía que quemamos cuando realizamos ejercicio, se debe tener en cuenta el tipo de actividad, la intensidad, la duración y la complexión corporal.

Actividad	Calorías consumidas en 1 hora (calculadas para una persona de 70kg)
Dormir	60
Ver la televisión	70
Subir en ascensor	70
Subir escaleras	500
Ir en coche	100
Ir en bicicleta (ritmo ciudad)	560
Caminar despacio (ritmo paseo)	175
Caminar rápido	334
Bailar (bailes de salón)	325
Natación	450
Tenis	504
Correr	750
Saltar a la cuerda	840
HIIT (ejercicio de alta intensidad)	910

¿Cómo puedo quemar calorías sin esfuerzo?

Debes saber que no solo consumes calorías durante el ejercicio. Al acabar la sesión de ejercicio físico, tu cuerpo sigue «acelerado» y tiene un mayor gasto que en reposo (*afterburn*) aunque no estés haciendo nada.

Tu cuerpo necesita consumir energía para volver a su estado de reposo o de preejercicio. Este efecto es mayor en los ejercicios de alta intensidad o HIIT (*High Intensity Interval Training*), en los que existen cambios de ritmo cardíaco de intensidades alternantes, en los trabajos de fuerza máxima y en los ejercicios aeróbicos de intensidad elevada.

El músculo consume muchas más calorías que el tejido graso, ya que se trata de un tejido activo, a diferencia de la grasa, que se encarga del almacenamiento de energía. El corazón, el cerebro, los riñones y el hígado también son grandes consumidores de energía incluso en reposo. El tracto intestinal gasta también una elevada cantidad de calorías, pero solo cuando se ocupa de la digestión.

Así, **saltarse comidas para adelgazar no es la mejor estrategia**. Además, tu cuerpo consume más calorías al digerir alimentos integrales y naturales que alimentos procesados, ya que le «cuesta» más trabajo descomponerlos y degradarlos a sus componentes más simples antes de absorberlos. Por ejemplo, el tomate natural aporta más nutrientes, vitaminas y fibra, así como menos calorías, que el tomate frito ya procesado. Este último contiene aceites fritos, y sus nutrientes pueden haberse degradado con el procesado y la cocción. Lo mismo es aplicable a otras verduras.

Determinadas comidas y bebidas también pueden aumentar la tasa metabólica basal, como el té verde, el café, el chocolate negro y la comida picante.

Mantener la temperatura corporal consume energía, por lo que ir ligeros de ropa te hará, inevitablemente, adelgazar, además de enamorar a más de uno. **Dormir desnudo**, de hecho, no solo te beneficia porque **evita infecciones y una mala circulación**, sino que **te hace adelgazar** por la energía necesaria para mantener la temperatura corporal. Tomar comidas o bebidas frías, al igual que usar agua fría para la ducha, facilitan la pérdida de peso, ya que aumenta el gasto metabólico basal. Existen también algunas situaciones patológicas que también hacen disminuir el gasto basal, como el hipotiroidismo o el síndrome de Cushing.

Cuando se consumen más calorías de las que el cuerpo gasta a diario, los azúcares y lípidos circulantes se almacenan en forma de gotas de grasa, a través de vías metabólicas anabólicas. Por este motivo, cuando tienes frío, te apetece comer alimentos con muchas kilocalorías, ya que te proporcionan energía y reservas para lidiar con las bajas temperaturas. Por su parte, la «operación bikini» se gesta aprovechando que disminuyen las ganas de consumir alimentos calóricos en épocas de temperaturas elevadas, así como de llevar menos ropa y movernos más.

¿Qué es una enzima?

Las **enzimas** son las grandes protagonistas de la escena metabólica. Son proteínas capaces de **acelerar la velocidad de las reacciones químicas** de tu cuerpo hasta un millón de veces, lo cual las convierte en los catalizadores (impulsores, promotores) biológicos por excelencia. Sin ellas, la química de la vida sería tan lenta que sería inviable. Las enzimas son las responsables de reducir la energía de activación necesaria para iniciar una reacción química; es decir, que si no se disminuyera esta energía inicial de activación, los sustratos o productos iniciales de una reacción podrían tardar años en reaccionar entre sí.

Las reacciones bioquímicas tienen lugar porque los sustratos se unen de forma específica al centro activo de la enzima, formando el complejo enzima/sustrato, donde sucede la reacción que convierte a los sustratos en productos. La mayoría de las reacciones químicas de nuestro metabolismo son de oxidorreducción, es decir, existe una transferencia de hidrógeno o electrones entre los reactantes (sustratos y productos de la reacción).

Las enzimas pueden contar con activadores o inhibidores, que pueden modular su actividad. A estos moduladores se les llama «cofactores» cuando son inorgánicos ($Fe2+$, $Cu2+$, $K+$, $Mn2+$, $Mg2+$), y «coenzimas» o «grupos prostéticos» cuando son orgánicos (vitamina C, NAD, FAD, etc.). Y ¿sabes qué sucede si falta alguna de las sustancias o cofactores de la reacción? La falta de algún cofactor paraliza la acción de la enzima, causando graves problemas o enfermedades.

Por ejemplo, la vitamina C es una coenzima que interviene en la síntesis del colágeno, por lo que su ausencia causa escorbuto. Esta enfermedad se caracteriza por defectos en la fabricación del colágeno y causa sangrado gingival, pérdida de dientes y defectos de crecimiento, entre otros padecimientos. Y aunque te suene a conocimiento superfluo, es tan importante que puede marcar la diferencia entre quedarte en casa o conquistar las Antípodas, ¡literalmente hablando!

Hasta el siglo XVIII, la mayoría de los barcos que se hacían a la mar volvían con la mitad de marineros, ya que la otra mitad fallecían por una misteriosa enfermedad, el escorbuto. En 1768, el descubrimiento de la importancia de los cítricos en la dieta realizado por el médico escocés James Lind fue aprovechado por el capitán James Cook en su expedición al Pacífico Sur con la Marina Real británica. Este ligero cambio en la dieta al incorporar frutas y verduras, llevó al Imperio británico a poder explorar y conquistar no solo las islas del Pacífico Sur, como Australia, Tasmania y Nueva Zelanda, sino gran parte de los océanos terrestres. Conocimiento es poder, ¡y más que nunca en este caso!

Todas las enzimas **se nombran con el sufijo -asa** e intervienen en numerosísimos procesos intracelulares y extracelulares: desde fragmentar nutrientes en el tubo digestivo (como los lípidos, el almidón, la lactosa y las proteínas, gracias a la acción de lipasas, amilasas, lactasas y peptidasas, respectivamente) hasta ser responsables de tu moreno playero (es el caso de varias tirosinasas). El cóctel *Sex on the Beach* que te bebiste también se produjo gracias a la acción de unas enzimas fermentadoras presentes en las levaduras. Cuando te echas agua oxigenada en las heridas, la enzima catalasa de tu tejido abierto al exterior la transforma en agua y oxígeno, los cuales componen las burbujitas blanquecinas que sueles ver. **¡Eres efervescente por naturaleza!**

¿Cómo influyen las enzimas en nuestro día a día?

Debido a la naturaleza proteica de las enzimas, estas pierden fácilmente su actividad (se desnaturalizan) con cambios de temperatura o pH. Por ejemplo, el aspecto de un huevo antes y después de la cocción o fritura muestra claramente el proceso de desnaturalización de sus proteínas, que pasan de ser transparentes en la solución a ser blanquecinas en estado semisólido o gel.

Muchas enzimas se han aislado y usado en la industria química y farmacéutica como limpiadores (lipasas, amilasa, etc.), o incluso para hacer más masticable y tierna la carne (las proteasas, que facilitan la fragmentación de proteínas). Tanto la bromelina de la piña como la papaína de la papaya se usan para este fin; esta última también se ha incorporado a las pastas de dientes para ayudar a limpiar los residuos de la comida y la placa dental.

A la leche sin lactosa no se le ha retirado este azúcar, sino que se le ha añadido lactasa, la enzima que la degrada y que dejan de expresar y tener los intolerantes a la lactosa.

Varios de los medicamentos y productos que tomamos pueden actuar como inhibidores de enzimas. Así, los antibióticos, el alcohol o el pomelo inhiben la enzima citocromo P450, entre otras, lo cual altera el metabolismo de otros compuestos. En la quinta parte del libro se explican detalladamente estas interacciones entre alimentos, fármacos y enzimas.

De hecho, estudiadas de forma individual, las reacciones del metabolismo no son más que **reacciones químicas inanimadas** que transforman unas sustancias en otras y podrían llevarse a cabo en un matraz de laboratorio. Sin embargo, dentro de las células, el metabolismo adquiere «vida» ya que todas las reacciones funcionan en una dirección y contexto para darle a la célula su **«propósito» vital** o razón de existir dentro de nuestro organismo. ¡Absolutamente un milagro descomunal!

Además, dada la universalidad de las enzimas y de las rutas metabólicas, así como de los bloques de construcción de los seres vivos, ¿podría haber entonces **un único ancestro celular común**?

La célula,
la reina del mambo

Todos los seres vivos derivamos de la absoluta reina del mambo, que se llama **LUCA** (del inglés *Last Universal Common Ancestor*). Se trata de una célula ancestral común a todos los seres vivos actuales que vivía en el fondo submarino, a lo *Bob Esponja*.

LUCA, a diferencia de muchas de sus contemporáneas, fue la que consiguió sobrevivir más allá de la Era Paleoarcaica y generar la humanidad actual, gracias al fenómeno de la selección natural. Este organismo unicelular habría generado mutaciones heredables, que a su vez produjeron cambios positivos o negativos en su descendencia. **Los cambios positivos**, como una mayor resistencia a la deshidratación o a la luz ultravioleta, o una mejor habilidad para obtener energía, permitieron una mejor adaptación al ambiente y una **mayor probabilidad de sobrevivir**. Por el contrario, los organismos con rasgos negativos o que no supusieron una ventaja adaptativa se extinguieron.

Esta teoría fue postulada por **Charles Darwin** en 1859, cuando publicó *El origen de las especies*, donde explica el fundamento de la teoría de la evolución. Todo se remonta a 1837, cuando Darwin se embarca en su velero bergantín *Beagle* hacia las Américas. «Con diez cañones por banda, viento en popa, a toda vela, no corta el mar sino vuela un velero bergantín», cantaba alegremente Charles estos versos de José de Espronceda, motivado por las aventuras y los descubrimientos vividos en las Américas (¡pura ficción literaria!). Y aunque los bravíos mares y océanos estuvieron plagados de piratas, y el bergantín fuera azotado por unas cuantas tormentas y miles de olas, tenemos la grandísima suerte de que el *Beagle* devolvió a un Charles íntegro, con fuerzas y coherencia para publicar sus memorias de viaje y sus conclusiones resumidas en la siguiente frase: «**La especie que sobrevive** no es la más fuerte, ni tampoco la más inteligente, sino **aquella que es capaz de adaptarse al cambio**».

Un ejemplo muy claro son las jirafas. Cuando una población de jirafas comienza a aumentar, existe una competición por las hojas de los árboles más accesibles. Las jirafas con cuello más largo son capaces de llegar a las hojas más altas, con lo que este rasgo les permite sobrevivir incluso cuando las hojas bajas se han agotado. Esto les proporciona una ventaja para crecer, reproducirse y engendrar a más crías, siendo el rasgo del cuello alto una ventaja heredable. La **presión selectiva** de la escasez de hojas hará que predominen jirafas con cuello alto.

La presión selectiva es siempre un factor que hace disminuir la supervivencia de la especie, ya sea por la existencia limitada de comida, por un depredador, por un bajo número de hembras, por la disponibilidad de nidos o zonas de cobijo, por la presencia de tóxicos, etc. Así, los rasgos que podrían verse favorecidos serían los que constituyen una ventaja adaptativa al ambiente en **un determinado momento y contexto**: el

color del pelaje con capacidad de camuflaje, la velocidad, la potencia na-
tatoria o de eyaculación, la resistencia a tóxicos, el carisma, etc.

El factor limitante (por ejemplo, la poca cantidad de ramas accesibles
con hojas verdes) hace que las jirafas con un cuello alto sobrevivan y por
tanto se reproduzcan, con lo cual aparecerán poblaciones de jirafas con
cuellos cada vez más altos, a la vez que se extinguen las jirafas de cuello
corto. En otro clima u otras condiciones podría ser que la capacidad de
camuflarse frente a un depredador fuera la característica que más pre-
valeciera y, por tanto, la que se hereda y perdura. ¡Así surge la variabilidad entre especies!

Las células de nuestro organismo, consideradas de forma individual, también están sometidas a evolución y a selección natural. Estamos constituidos por poblaciones celulares de origen genéticamente
idéntico, pero que con cada ronda de división celular pueden acumular
mutaciones y cambios que las hacen distintas entre sí. Esto les confiere
propiedades distintas que pueden favorecer el crecimiento de unas sobre otras. Por ejemplo, las células de nuestra piel más expuestas al sol
por la exposición a la radiación ultravioleta pueden acumular mutaciones en su ADN, que al dividirse se transmiten a las células hijas, generando así un clon de células que pueden ser más propensas a invadir tejidos circundantes o a multiplicarse de forma descontrolada.
Esta es la base sobre la que se origina un tumor; en este caso, un clon
de células con mutaciones que confieren características ventajosas respecto a las normales empieza a proliferar de forma autónoma y a invadir
tejidos.

Otro ejemplo de competición poblacional se da cuando administra-
mos un antibiótico. Este empieza a destruir las bacterias patógenas más
sensibles al fármaco, pero si no acabamos el tratamiento hasta el final,
sobrevivirán las bacterias superresistentes al mismo. Este es el fundamento de que aparezcan resistencias bacterianas. De hecho, los tratamientos antibióticos se suelen complementar con probióticos, los cuales suministran bacterias «buenas» o «amigas». Estás bacterias buenas
suponen un batallón extra para ganar la guerra a las bacterias patógenas, ya que colonizan nuestras superficies e impiden que las bacterias

patógenas se asienten sobre nuestras superficies corporales. Además, se acelera la recuperación de la microbiota del paciente.

¿De dónde procede todo tu cuerpo y de qué está formado?

El cuerpo humano procede de una única célula llamada «cigoto», un portento celular resultante de la fusión del óvulo y el espermatozoide. Y ¿cuál es la unidad mínima de tu cuerpo que conserva todas tus singularidades? La célula. Como puedes ver, todo se reduce a la célula, la parte más pequeña de tu organismo con tus características vitales. Las células pueden absorber nutrientes del medio, transformarlos mediante el metabolismo, eliminar residuos y hasta reproducirse.

Esta capacidad de ser autosostenibles es otra de las características que nos diferencia de la materia inerte y que nos permite excluir a los virus como seres vivos. Mira que usar maquinarias celulares ajenas para poder reproducirse… ¡Qué oportunistas son estos virus!

Existen dos tipos de células y nuestro cuerpo, curiosamente, contiene ambas. Las células eucariotas tienen núcleo y orgánulos envueltos por una membrana, a diferencia de las procariotas (bacterias y otros), que fueron las primeras en aparecer. Y aunque todas las células que forman los andamios de nuestro cuerpo son por naturaleza eucariotas, nuestras superficies corporales, incluidas las del tubo digestivo, hospedan a una gran población de procariotas. Estas bacterias constituyen la microbiota, unos polizones beneficiosos que nos protegen de bacterias patógenas indeseables.

En tu cuerpo tienes la misma cantidad de células humanas que de bacterias. Las células de tu organismo superan en número al patrimonio de Amancio Ortega (el fundador de Zara, del grupo Inditex): 30 billones de células humanas, más 39 billones de células bacterianas. ¡Flipante! Pensado así, ¡eres una auténtica quimera, mitad humano, mitad bacteria! Eso sí, una quimera altamente refinada, ¡con un grado de sofisticación incomparable!

Las bacterias suelen tener tamaños de 1 y 2 μm de longitud, lo que equivale a una milésima parte de milímetro. Las células humanas son muy variables. Por ejemplo, **los hematíes o glóbulos rojos** tienen un tamaño constante de **7 μm**, de modo que puede usarse para extrapolar el tamaño de otras células presentes en una biopsia. El espermatozoide de tu padre mide unos 50 micrómetros (μm), unas 3 veces menos que el óvulo de tu madre, que mide 150 μm.

Dado su diminuto tamaño, no fue hasta el siglo XVII cuando se supo que no éramos organismos formados por una sola entidad. Fue Robert Hooke en 1665, examinando un tejido vegetal de una lámina de corcho con un microscopio rudimentario que él mismo había fabricado, quien observó que la pieza estaba distribuida en pequeñas cavidades poliédricas vacías que recordaban a las celdas o celdillas de un panal, y las llamó «células». Dicho hallazgo sentó las bases para continuar con la premisa de que las células son unidades básicas funcionales.

¿Es verdad que las células tienen sistema digestivo?

Básicamente, una célula es una bolsa de líquido rodeada por una membrana de grasa con permeabilidad selectiva, la cual mantiene el **medio interno constante** con una composición estable. Si la observas con detalle, podrás entender que la célula es pura sofisticación: exhibe compartimentos internos divididos por membranas que aíslan zonas con funciones específicas. Usando como símil tu cuerpo, podrás entender con más facilidad la función de cada compartimento:

* En la célula, el equivalente a un **órgano** de tu cuerpo se llama **orgánulo**.
* Tu **piel** se corresponde a nivel celular con la **membrana plasmática**, un delimitador de las fronteras celulares.
* El **citoplasma o citosol**, que sería como tu **plasma sanguíneo**, baña todos los orgánulos celulares y permite que las reacciones químicas acontezcan en su seno.

✳ El **citoesqueleto** es parecido a tus **huesos**. Se trata de una estructura formada por filamentos de proteínas que refuerzan la estructura celular y sirven como carreteras para el tráfico de vesículas y orgánulos.

✳ El **núcleo** celular, que contiene el ADN, es como tu **cerebro.** Da las instrucciones para realizar todos los procesos celulares, controlarlos e integrarlos.

✳ Los **ribosomas** son las estructuras donde se sintetizan las proteínas, y cuyo equivalente corporal podría ser la **médula ósea**, que sintetiza continuamente células sanguíneas.

✳ El orgánulo parejo a nuestras **glándulas secretoras** (sudoríparas, sebáceas, mucosas, etc.) sería el **retículo endoplasmático**, porque se encarga de sintetizar proteínas y lípidos que forman parte de la membrana o que serán secretados, como las hormonas.

✳ El **aparato de Golgi** sería como el **sistema circulatorio**, ya que distribuye y organiza las sustancias que se dirigen hacia la periferia celular.

✳ Las **mitocondrias** son el motor de la energía celular, responsables de su producción a partir de oxígeno. Pueden equipararse al **corazón y al pulmón**.

✳ Los **lisosomas** constituyen el **sistema digestivo** celular, ya que fragmentan cualquier sustancia ingerida a su forma más simple.

✳ Los **peroxisomas** podrían ser el equivalente del **hígado y del riñón**, los grandes detoxificadores celulares que se encargan de desechar y eliminar productos celulares tóxicos.

Estos orgánulos aparecen en general en casi todas las células. Sin embargo, existen numerosas variaciones de esta estructura básica:

✳ La mayoría de nuestras células tienen un núcleo como las neuronas, los fibroblastos, los linfocitos, los queratinocitos, etc.

✳ Las células hepáticas contienen dos núcleos.

✳ Los glóbulos rojos y las plaquetas carecen de núcleo.

Estas particularidades confieren a la célula propiedades distintas en cuanto a su función y capacidad de reparación, así como en lo que respecta a su tiempo de vida, llamado también «ciclo celular».

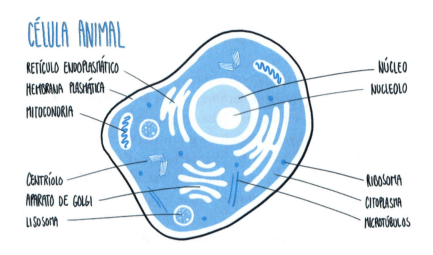

CÉLULA ANIMAL

RETÍCULO ENDOPLASMÁTICO
MEMBRANA PLASMÁTICA
MITOCONDRIA

CENTRÍOLO
APARATO DE GOLGI
LISOSOMA

NÚCLEO
NUCLEOLO

RIBOSOMA
CITOPLASMA
MICROTÚBULOS

¿Por qué soy más joven de lo que dice mi carnet de identidad?

¿Sabes que tus células intestinales viven 3 días, las de tu hígado duran un año y tus neuronas toda la vida? El **ciclo celular** es el tiempo de vida de cada una de tus células. Ellas, al igual que tú, también nacen, crecen, se reproducen y mueren. Sin embargo, cada una de tus células tiene un ciclo celular de **longitud variable**, dependiendo sobre todo del tejido en el que se encuentran y la función que realizan. En este sentido, las células de tu piel o las de tus intestinos, más expuestas a los roces, las agresiones y los químicos del medio externo, deberán regenerarse mucho más rápido que las células del corazón o las del cerebro, las cuales están bien protegidas y no se desgastan fácilmente.

Tu «yo» de hace 10 años poco tiene que ver con tu «yo» del presente, ya que prácticamente todas las células de tu cuerpo se han renovado desde entonces. Visto así, no importa la edad que tengas. **Eres más**

joven de lo que crees, porque la mayoría de tus células acaban de nacer hace relativamente poco. Así que no te sientas mal si te preguntan la edad y te quitas unos años. ¡Siempre puedes alegar que tus células son más jóvenes! Aquí te muestro unos ejemplos:

* Tus glóbulos rojos viven alrededor de 4 meses, después de los cuales empiezan a perder flexibilidad y propiedades, con lo que son eliminados por el hígado y el bazo.

* Los glóbulos blancos o leucocitos constituyen las defensas de tu cuerpo y viven tiempos muy variables, dependiendo del tipo celular. Los granulocitos viven en sangre unas 8 horas, y una vez emigran a los tejidos pueden vivir 4 o 5 días, mientras que los linfocitos pueden vivir meses e incluso años. Las plaquetas que ayudan a la coagulación de tu sangre se retiran a los 10 días.

* Los espermatozoides pueden vivir hasta 2 meses dentro del cuerpo masculino y hasta 5 días dentro del cuerpo femenino después de ser eyaculados.

* Las células del epitelio superficial del estómago, así como las del intestino, son reemplazadas por células nuevas cada 4 días aproximadamente. Imagina el efecto corrosivo que tiene el pH ácido de nuestro jugo gástrico sobre ellas.

* Las células de los pulmones, llamadas neumocitos, que forman parte de la barrera hematoaérea, se renuevan cada 8-10 días.

* Las células de la piel duran entre 2 y 3 semanas aproximadamente. Cada minuto perdemos de 30.000 a 40.000 células muertas de la superficie de nuestra piel, que pasan a formar parte del polvo de nuestra casa, junto con los ácaros y las fibras de nuestra ropa.

* Las células del hígado tienen un tiempo de renovación en torno a un año. El hígado tiene una capacidad asombrosa de regenerarse y sigue siendo un misterio científico aún por elucidar.

* Tus pelos tienen diferentes ciclos de crecimiento. Los de la cabeza pueden crecer de forma ininterrumpida durante 7 años, pero los de tus axilas o pestañas crecen constantemente durante 4 y 2 meses, respectivamente; de ahí las diferencias en longitud. Piensa

que no solo cumplen una función estética, sino que la mayoría del pelo sirve para proteger estructuras muy sensibles, como la cabeza, los ojos, los genitales, etc.

* Las papilas gustativas tienen un ciclo de vida de 2 semanas. A medida que pasan los años, algunas de estas células no se regeneran, y pasamos de tener unas 10.000 papilas gustativas en nuestra joven lengua a unas 5.000 papilas cuando envejecemos. Además, estas van perdiendo tamaño y sensibilidad con la edad.

* Tus huesos tardan 10 años en regenerarse. No solo constituyen el soporte y los andamios de tu templo, sino que protegen tus órganos, permiten el movimiento, contribuyen a la formación de células sanguíneas y sirven como reserva energética y de minerales.

* Las células de los músculos duran en torno a 15 años. Permitir el movimiento con unas estructuras contráctiles pero resistentes es la mejor estrategia para generar movimiento. Para evitar su atrofia, nada como retarlos con ejercicios.

* Finalmente, aunque de forma muy lenta y casi inapreciable, las neuronas y los cardiomiocitos (las células del músculo cardíaco) también se dividen y se reparan, aunque de forma muy limitada, a lo largo de la vida.

* Las únicas células que no se dividen después del nacimiento son los óvulos de las mujeres, los cuales permanecen inalterados desde el nacimiento. Incluso se van perdiendo con la edad, sin ninguna posibilidad de reparación.

La renovación constante de los tejidos es una de las principales causas por las que debemos ingerir nutrientes y alimentos saludables, para poder ir fabricando todos los días los bloques de nuestras futuras células.

El ciclo celular consta de 4 fases que acontecen sucesivamente. Se llaman G1 (Gap 1) o intervalo 1; S o fase de duplicación (síntesis) del ADN; G2 (Gap 2) o intervalo 2 y M, o fase de mitosis que culmina en la división en 2 células hijas con idéntico material genético. El proceso de división celular desempeña un papel fundamental no solo en el crecimiento de tu cuerpo a partir del óvulo fertilizado, sino también en los procesos de renovación y reparación, como hemos visto, sustituyendo las células que mueren por uso, desgaste o heridas.

¿Cómo saben mis células cuándo dividirse?

Si una célula se divide o no, y cuántas veces lo hace, es algo que debe estar estrechamente regulado en los organismos pluricelulares, ya que definirá el tamaño final del organismo y de sus partes. Hay que pensar que las células de un delfín y de un conejo son muy similares en tamaño, pero varían en número. Estas características vienen definidas para cada especie.

¿Te imaginas cómo deben orquestarse los ciclos celulares de los billones de células de cada una de las extremidades para que tengan la misma apariencia y tamaño? Pues de una forma exquisita, a través de numerosos **puntos de control molecular**. Estos puntos de control o *checkpoints* sirven para evaluar el estado celular y evitar duplicaciones innecesarias del ADN, un exceso de células, la acumulación del daño oxidativo o las mutaciones en el ADN, entre otras cosas. Billones de células sincronizadas, ¡una precisión arquitectónica mágica!

Cuando aparece un tumor, es porque las proteínas que participan en estos puntos de control se alteran o fallan. Un ejemplo de estas proteínas son los oncogenes y los genes supresores de tumores. Los primeros favorecen el avance normal del ciclo celular y los segundos son los que inhiben el avance del ciclo cuando las condiciones no son apropiadas. El descubrimiento de estas proteínas ha hecho avanzar enormemente la terapia del cáncer, ya que ha permitido diseñar posibles estrategias farmacológicas específicas que atacan a los tumores y minimizan su efecto en las células normales.

Cuando yo hacía experimentos en el laboratorio, podíamos observar claramente cómo las células tumorales que se duplican de forma muy rápida mueren bajo la influencia de quimioterápicos (agentes que dañan el ADN en duplicación). De hecho, **la quimioterapia afecta** a todas las células de nuestro cuerpo con tasas de replicación elevadas, tanto las

tumorales como las sanas, es decir, todas aquellas que se replican muy rápidamente, como las de los intestinos, la piel, el pelo y la médula ósea. Esta es la razón por la que la quimioterapia produce caída del pelo, síntomas gastrointestinales o inmunosupresión (disminución de la cantidad de células inmunitarias), entre otros síntomas, mientras que los tejidos que apenas se dividen, como el corazón y el cerebro, permanecen prácticamente inalterados.

Existen algunas células que están la mayoría del tiempo en una fase especial del ciclo celular denominada **G0**. En esta etapa, las células viven en estado de quiescencia, lo que equivale a decir que están en reposo, latentes o hibernando; un buen ejemplo son las **células madre**. Ante determinados estímulos del tejido, como la presencia de factores de crecimiento o citoquinas, se reincorporan a la fase G1 del ciclo celular, con lo cual pueden dividirse y formar nuevas células. Ante una herida o corte, la inflamación local activa a fibroblastos y células madre del tejido que se encuentran en fase G0 para que entren en fase G1 y empiecen a sintetizar proteínas y a duplicarse, con el fin de cerrar la abertura tisular.

¿Qué son las células madre?

¿Sabes que el cigoto es la célula más potente que existe? De hecho, se le conoce como **célula madre totipotente** porque puede generar todos los tipos celulares de tu cuerpo, incluidos los extraembrionarios, como la placenta y el cordón umbilical. De hecho, 5 días después de la implantación del embrión en el útero (fase de blastocisto), sus células ya pasan a ser **células madre pluripotentes**, ya que pueden formar todas las células del organismo, excepto las extraembrionarias.

En tu organismo adulto cuentas con **células madre multipotentes** en casi todos los tejidos, como la médula ósea, el cerebro, la sangre, el músculo, la piel, el hígado e incluso tu pulpa dental. Estas células madre permanecen indiferenciadas y en reposo (quiescentes) hasta que un estímulo del ambiente las hace comprometerse a adoptar un determinado tipo o linaje celular.

Para que lo entiendas con un ejemplo, es como si tienes una librería con mucha información (todo el genoma), pero quieres construir un bólido (un linfocito), con lo que solo debes recurrir a los manuales que incluyan dicha información, silenciando o directamente evitando leer los otros manuales (expresando solo los genes que llevan a la célula a ser un linfocito). Lo mismo ocurre cuando **una célula se compromete con un linaje o tipo celular**; básicamente, solo lee el manual de adipocito, el de célula muscular o el de neurona, lo que significa que **solo expresa los genes relacionados con esa función.** Si te fijas, es flipante que cada grupo de células tenga el mismo patrón de marcas y mantenga su especificidad ¡Hasta en eso eres un ser perfecto!

Además, cualquier célula de tu cuerpo tiene el potencial de convertirse en célula madre, ya que su ADN contiene la información para hacerlo. Esto es posible gracias al uso de unas marcas químicas que están presentes en el ADN y en las proteínas que lo empaquetan (regulación epigenética, «por encima» de la secuencia genética). Estas marcas, que principalmente pueden ser tanto metilaciones como acetilaciones, son las que permiten «leer el manual de cada tipo celular», determinando cuáles son los genes que se leen o transcriben en cada célula y definiendo tanto el aspecto como la función celular. De hecho, la epigenética es la responsable de encender y apagar genes en respuesta a factores ambientales: todo lo que hagas o comas influirá en cómo eres (hablaré más del efecto de la nutrición y el ejercicio en la tercera y cuarta parte).

A partir de **células de piel adultas** completamente diferenciadas, el investigador Shinya **Yamanaka** consiguió **revertirlas a células madre pluripotentes,** gracias a la expresión de 4 genes. Esta estrategia para generar células madre pluripotentes inducidas (iPS, *induced Pluripotent Stem Cells*) le valió al investigador japonés el Premio Nobel de Medicina y Fisiología en 2012. Fue un gran avance, ya que ha supuesto la obtención de células madre pluripotentes a partir de un tejido adulto diferenciado.

¿Cómo se mantiene la cantidad de células madre del cuerpo?

Una de las características especiales de las células madre es su capacidad de llevar a cabo **divisiones celulares asimétricas**. Estas divisiones permiten mantener la cantidad de células madre del tejido a la vez que reponen las células que mueren. La asimetría se consigue separando de forma preferencial, en una de las células, determinadas proteínas involucradas en el destino celular.

Por ejemplo, durante el proceso de formación de neuronas (neurogénesis) se realiza una división celular asimétrica. En este caso, la célula madre neural produce, por un lado, una neurona que no se dividirá de nuevo, y por otro, produce otra célula madre neural que será encargada de mantener la plasticidad neuronal y de continuar generando más neuronas funcionales a lo largo de la etapa adulta.

La generación de nuevas neuronas en la etapa adulta es uno de los mayores hallazgos de la neurociencia actual. Se ha podido observar que nuestro cerebro es una **estructura dinámica**, capaz de formar y renovar las neuronas y células gliales (de soporte neuronal), sobre todo en determinadas regiones del cerebro, como el hipocampo, que está ligado a la memoria. Esta **neurogénesis** convive con otros procesos de **neuroplasticidad** basados en aumentar la cantidad y calidad de las conexiones entre neuronas, así como una mejora del aislamiento de los axones con mielina (un aislante lipídico que mejora la velocidad de conducción del impulso nervioso).

Todos estos cambios aparecen siempre que retes a tu cerebro a salir de la zona de confort, o incluso cuando alteras o cambias tus rutinas. Incluso tus pensamientos y percepciones también pueden modificar tu neurogénesis para bien. Dale motivos para crecer y lo hará a partir de experiencias de aprendizaje y de pensamientos positivos: no te digas «debo estudiar», sino «hoy tengo la posibilidad de aprender». ¡Lo cambia TODO!

Estos fenómenos de neuroplasticidad observados en la vida adulta ofrecen grandes esperanzas con vistas al tratamiento de enfermedades degenerativas en las que las neuronas mueren prematuramente, como ocurre durante la demencia, el alzhéimer o el párkinson.

Entonces ¿cómo sabe una célula madre que debe diferenciarse y convertirse en neurona, hepatocito o célula intestinal? Todo ello se debe a la comunicación entre células, que es posible por la presencia de moléculas químicas en los tejidos. Estas moléculas pueden aumentar o disminuir en determinadas circunstancias, como durante el desarrollo embrionario, en una herida, en caso de inflamación, en la senescencia celular (envejecimiento celular), etc. ¡Ya sabes que gran parte de cualquier éxito reside en saber comunicar, y tu cuerpo lo hace a la perfección! Aquí te llevas otra **medalla al mejor comunicador**, ya que has sido capaz de orquestar una hazaña de esa magnitud que te permite tener millones de células diferentes y especializadas. ¡Agradéceselo a tu charlatán!

✳ 4 ✳

Jerarquía y alta tecnología
en tejidos y sistemas

Vítores, aplausos, gritos de exclamación, todo era positivo ante ese final apoteósico. El director de orquesta iba marcando progresivamente los ritmos de entrada de los diferentes instrumentos: viento, cuerda y percusión. Del mismo modo, tu cuerpo se gestó en el vientre materno, interpretando la más armónica de las partituras escrita en el ADN, con sus notas, silencios, bemoles y sostenidos. El resultado ya lo conoces, lleva tu nombre y apellidos. Es una de las grandes obras maestras de la biología, un auténtico *masterpiece*: un nuevo ser con unas células tan especializadas y diferenciadas que nadie diría que vienen de una única célula, el cigoto.

La formación de un nuevo organismo requiere que se establezcan tanto unos ejes corporales (anterior-posterior, dorsal-ventral, derecho-izquierdo) como tres capas u hojas embrionarias, que dan lugar a todos los órganos. Dentro del vientre amparador y creador de vida de tu madre, estas capas (externa, intermedia e interna) coreografían este baile:

✳ La **capa externa** (ectodermo) se pliega para formar un tubo que constituye el sistema nervioso y la piel. Ambos órganos permanecen fuertemente conectados también en la vida adulta, como se demuestra con las manifestaciones cutáneas de enfermedades psicológicas. En el centro de este tubo se forma una condensación de tejido que supondrá el futuro cerebro pensante, y que se

posicionará en el extremo superior. Las células que se despren-
den tempranamente del tubo neural forman el sistema nervioso
periférico (nervios), mientras que el resto del tubo remanente
constituye la médula espinal. A su vez, los límites periféricos del
ectodermo forman las paredes que delimitan al embrión: el saco
amniótico que alberga el líquido o fluido amniótico.

✳ La **capa intermedia** (mesodermo) forma los tejidos conectivos
(esquelético, cartilaginoso y dermis), los músculos, los riñones y
el sistema reproductor, así como los vasos, cuyo nodo principal
es el corazón. A nivel extraembrionario, esta capa formará el cordón umbilical, encargado de comunicar la circulación sanguínea
del bebé con la materna a través de la placenta.

✳ Y ya por último, **el tubo interno** (endodermo) se irá plegando
hacia la derecha y la izquierda, soltando gemas que formarán órganos cruciales como pulmones, páncreas o hígado. Finalmente,
acabará constituyendo el futuro tubo digestivo, que va desde la
boca primitiva hasta el ano o membrana cloacal.

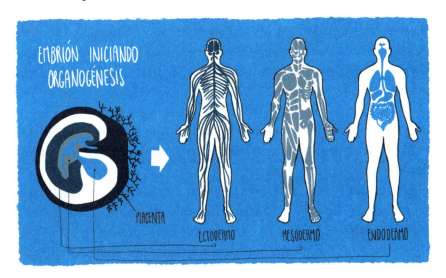

Para más inri, tus células deben contar con mecanismos de señalización que les permitan distinguir la parte izquierda de la derecha, ya que
por dentro no somos simétricos (por ejemplo, estómago y bazo están a

la izquierda, y el hígado, a la derecha). Para ello, cuentan con unas ante-
nas o cilios que durante el proceso embrionario realizan movimientos
rotacionales, como las hélices de un helicóptero. Así generan un flujo
que es detectado por los receptores del lado izquierdo del cuerpo, los
cuales a su vez inician mecanismos de señalización y activan genes que
difieren de los del lado derecho del embrión. Si este flujo nodal no se
produce, se origina una disposición incorrecta de las vísceras, lo cual da
lugar al denominado *situs inversus* o «imagen en espejo». Puede ser total cuando afecta a todas las vísceras del organismo, o bien limitarse a
determinados órganos, como ocurre en la dextrocardia, en la que el corazón está orientado hacia la derecha.

Como has podido comprobar, no te comportas como una colonia
de células unicelulares cohesionadas, sino que **eres una billonada de
células organizadas, una auténtica máquina de superviven-
cia para tus genes**. Las **células** se asocian y se coordinan como un reloj suizo para formar los tejidos, órganos, sistemas y aparatos de tu
cuerpo.

Aquí vuelven a aparecer los 4 puntos cardinales, los 4 elementos primitivos, los 4 evangelistas, los 4 jinetes del Apocalipsis, etc. Y es que todos los órganos de tu cuerpo están compuestos por 4 **tejidos** básicos:
el epitelial, el conectivo, el muscular y el nervioso (descritos detalladamente en la segunda parte).

Los diferentes **órganos** se forman con la agrupación y organización
de estos 4 tipos de tejidos básicos. Tanto tu páncreas como tus riñones,
tu hígado, tu piel y hasta tu corazón están compuestos por estos 4 tejidos básicos.

Los tejidos se asocian a su vez en forma de sistemas, los cuales presentan una misión única. Así, por ejemplo, tenemos el sistema nervioso, constituido mayoritariamente por tejido neural, o el sistema
tegumentario, compuesto fundamentalmente por epitelios, aunque
también contienen en menor proporción tejido conectivo, muscular
y nervioso. Podemos decir que los órganos similares, formados por tejidos del mismo tipo, constituyen un **sistema**.

Por otro lado, tenemos los **aparatos** formados por distintos órganos que colaboran para un fin común. Este es el caso del aparato digestivo, que incluye varios órganos, como el esófago, el estómago, los intestinos, el páncreas, el hígado, etc., y cuya misión principal es proveer nutrientes al organismo.

Tu **organismo** o **cuerpo** es un conjunto de aparatos y sistemas estrechamente conectados y organizados para moverse en una única dirección: sobrevivir para llevar a cabo las 3 funciones vitales de los seres vivos, que son la nutrición, la relación y la reproducción. Pero ¿cómo se interconectan estos aparatos y sistemas? Lo vemos ahora en el siguiente capítulo.

✳ 5 ✳
Entrada solo para miembros VIP: funciones superiores

Conducir, cocinar, tejer, visitar museos e incluso usar plantas con propiedades medicinales es posible porque hemos alcanzado una serie de hitos biológicos que nos han permitido adquirir una complejidad indescriptible. Estos hitos, como la inteligencia o una motricidad manual muy fina, se han gestado a lo largo de millones de años de evolución y tienen una razón de ser, bien aumentan la supervivencia o la procreación.

Así, el hecho de andar erguidos tuvo un coste biológico enorme. La postura erecta requiere el estrechamiento de la cadera (y, por tanto, del canal del parto), lo cual solo hace viables embarazos más cortos, y con ello partos prematuros que producen bebés muy inmaduros y, por tanto, dependientes de sus progenitores. Comparados con otras especies, como las cebras o los elefantes, nacemos totalmente desvalidos, y si nos dejan sin la protección parental, ninguno lo contaría.

Por otro lado, las ventajas que trajo el bipedismo como especie superan con creces los inconvenientes: se liberan manos y pies, con lo que se favorece el desarrollo de la motilidad fina, la puntería y la aparición de la pinza inteligente (pulgar e índice). Esto permite crear armas, herramientas y hasta el fuego. Todos estos utensilios, que ahora puedes apreciar en museos, no solo permiten ahuyentar a las fieras, sino también cazar, defenderse de depredadores, cocinar alimentos e incluso ingerir los restos que dejaban los animales, al ser posible abrir los huesos y extraer la médula ósea, que proporcionaba proteínas de alto valor.

Estos avances coinciden con un cambio climático de la atmósfera terrestre. Su calentamiento provocó la desaparición de bosques frondosos y el surgimiento de sabanas despejadas, donde es mucho más fácil ver a una presa, sobre todo si andas erguido, con lo que comenzaron a cazar y a comer más carne. La progresiva mejora de la alimentación, junto con el aumento del campo de visión al andar erguidos, el desarrollo de las habilidades motrices, la capacidad para congregarse en tribus y cooperar, el desarrollo de un lenguaje complejo más allá de onomatopeyas, y hasta el cotilleo, redundaron en un gradual incremento de las capacidades cognitivas y cerebrales. De forma diferencial se desarrolló la corteza prefrontal, encargada del razonamiento, siendo tal su expansión que tuvo que plegarse formando arrugas para caber dentro del cráneo.

Estos cambios retroalimentaron de forma positiva el desarrollo del *Homo sapiens* como especie, que nos ha llevado al aquí y ahora, al bendito presente. Estamos en la cima del ecosistema, pero solo gracias a millones de años de lucha biológica. Apréciala, porque es fruto de trillones y trillones de casualidades.

¿Por qué tengo un equilibrio sin parangón?

¿Te ha pasado que cuando te levantas rápidamente, te mareas? Esto se debe a que eres un ser con un conjunto de aparatos y sistemas perfectamente armonizados, interrelacionados y regulados en perfecto equilibrio u **homeostasis** (del griego *hómoios*, que significa «igual», y *stásis*, «estabilidad»). Al estar en posición sentada o tumbada, la sangre y la linfa (los fluidos de tu cuerpo) se acumulan por efecto de la gravedad en las venas del tronco inferior. Al levantarte rápidamente, hay unos sensores o **receptores** que detectan la caída de la presión arterial en el corazón y en el cerebro, lo cual hace que tu cerebro se desactive y muestres síntomas de desmayo, aturdimiento, mareo, confusión o visión borrosa.

Estos síntomas se resuelven rápidamente cuando la persona afectada se acuesta, y suelen intensificarse si existe deshidratación, o después de hacer ejercicio, consumido alcohol o una comida pesada. En ocasiones puedes sentir hasta una taquicardia, iniciada por el corazón para compensar esta falta de volumen sanguíneo que le llega. Este cuadro se conoce como **hipotensión ortostática** y es un claro ejemplo de los mecanismos compensadores homeostáticos que existen en tu cuerpo para mantener el medio interno constante.

Para que se realicen adecuadamente todas las funciones de nuestro cuerpo debe existir un microcosmos interno muy estable que compense los cambios del entorno. Eso significa que la atmósfera o el medio interno donde respiran nuestras células debe mantenerse dentro de unos límites estrechos de temperatura, salinidad, presión y pH. Para ello debemos tener sensores (receptores) que determinen los valores de estas variables, así como mecanismos que permitan modificar los parámetros de estas variables en el sentido opuesto a su modificación. ¿Eres consciente de la cantidad de información que tu cerebro procesa cada segundo para mantener este equilibrio?

Eres un animal de sangre caliente, es decir, tu temperatura permanece constante (homeotermo), a pesar de los anticiclones o las bajas presiones. La temperatura de un cocodrilo se eleva en verano y desciende en invierno, lo cual le permite gastar muy poca energía para regular su temperatura corporal. Sin embargo, después del 40 de mayo tú transpiras para perder calor con la evaporación del sudor, dilatas tus vasos e incluso podrías jadear con el objetivo de bajar la temperatura corporal. Y al contrario, con el frío, los vasos se contraen para evitar la pérdida de calor; la piel se eriza para crear una capa de aire caliente aislante; los músculos empiezan a tiritar para generar calor, y así hasta conseguir una temperatura estable. Todos estos mecanismos requieren de una precisa regulación y una continua retroalimentación para no sobrepasar nuestra temperatura hacia el extremo opuesto.

¿Cómo mantengo constantes diferentes parámetros de mi cuerpo, como la concentración de glucosa sanguínea?

Prácticamente todos los procesos fisiológicos y bioquímicos de tu cuerpo funcionan gracias a mecanismos de **retroalimentación negativa**, ya que van a ser los responsables de que cualquier cascada hormonal o vía de activación solo progrese de forma limitada, alcanzando siempre un **equilibrio u homeostasis**. Sería como encender un fuego y evitar que queme el bosque entero gracias a la presencia de cortafuegos y de mecanismos para apagarlo. Así sucede con la presión arterial, el cierre de una herida, los niveles de glucosa sanguíneos, etc. Todo está fielmente regulado por una combinación de mecanismos hormonales y nerviosos que contrarrestan cualquier tendencia al alza o a la baja ¡Pura perfección para mantenerte sano!

Cuando degustas un helado, la cantidad de insulina liberada desde el páncreas alcanza un pico al detectar la elevación de los niveles de **glucosa sanguínea (glucemia)**. La insulina liberada es como una llave que abre el cerrojo de las células y permite el transporte de glucosa hacia el interior de las mismas, lo cual hace que bajen sus niveles sanguíneos. Sin embargo, durante la noche y entre las comidas, se elevan los niveles de glucagón, una hormona que desempeña el papel opuesto. El glucagón indica al hígado que descomponga sus depósitos de glucógeno y libere glucosa (además de cuerpos cetónicos) para mantener los niveles de glucosa basales constantes, entre 60 y 100 mg/dl. Ambos mecanismos juegan en direcciones opuestas o negativas, para mantener la glucemia en equilibrio.

La glucosa es la principal fuente de combustible del cerebro, con lo que mantenerla constante en la sangre es crucial y requiere una ardua combinación y equilibrio hormonal. De hecho, cuando la degradación de glucógeno y grasas no basta para restablecer sus valores normales después de largos períodos de inanición o ayuno, el cuerpo debe digerir sus propias proteínas, como las de los músculos, para convertir sus aminoácidos en glucosa. ¡Todo bien, hasta que descubres que el corazón es un músculo y podría fallar cuando empieza a autodigerirse!

En situaciones de enfermedad, dichos mecanismos están alterados o fallan. Así, en la diabetes mellitus tipo 1 existe un fallo en la secreción de insulina por parte de las células beta del páncreas, con lo que la glucosa no puede ser absorbida por las células y se acumula en la sangre (hiperglucemia). Podemos decir que falta la llave que permite la entrada de glucosa en las células. En la diabetes mellitus tipo 2, lo que ocurre es que existe una resistencia periférica o de los tejidos a la insulina, lo que se traduce en que tenemos la llave, pero esta no encaja en los cerrojos de las células.

El desequilibrio de los niveles de glucosa causa un incremento de la frecuencia urinaria por efecto de arrastre de la glucosa en el riñón, así como un incremento de la sensación de sed, además de otros tipos de complicaciones. A largo plazo, si no se controla la glucemia, podría haber complicaciones: la sangre con valores normales es fluida, mientras que la sangre con altos niveles de glucemia se asemeja a un jarabe.

La monitorización constante de los valores de glucemia permite a las personas con diabetes inyectar insulina externa para regular la glucemia. Las investigaciones actuales con células madre y el uso de impresoras 3D han conseguido generar páncreas biónicos artificiales, en los que se generan matrices o estructuras impresas en 3D que sirven como anclaje a células beta que secretarán insulina. Unos hallazgos muy prometedores.

¿Es buena la inflamación?

La inflamación es un ejemplo de mecanismo de retroalimentación negativa. La inflamación es una respuesta fisiológica normal de nuestro organismo frente al daño de los tejidos, con el fin de protegerse frente a lesiones, irritaciones o enfermedades. Se caracteriza por enrojecimiento, hinchazón, dolor y sensación de calor en el área del cuerpo afectada. Esta respuesta atrae a células y moléculas inflamatorias que ayudan a erradicar al agente lesivo (bacteria, virus, parásito, picadura, moratón, roce, etc.). Supone un **mecanismo de defensa de nuestro sistema inmunitario inespecífico**. ¡Seguro que la has sufrido más de una vez, por ejemplo con la picadura de un mosquito!

Se inicia con la aparición de células estresadas o muertas, o bien por cambios metabólicos. Se mantiene por un conjunto de moléculas llamadas **citoquinas inflamatorias** que regulan la magnitud, la intensidad y la duración de la respuesta, y permiten que ocurra la resolución, es decir, la eliminación del agente lesivo y la reparación del tejido dañado. En ocasiones, los mecanismos de retroalimentación negativa encargados de eliminar la inflamación fallan, lo que deriva en una inflamación crónica que no se resuelve y se mantiene mediante circuitos de retroalimentación positiva.

Hay determinadas situaciones que perpetúan y alimentan la inflamación crónica, como la obesidad, el estrés, el sedentarismo o una dieta inadecuada (rica en azúcares y grasas trans). La inflamación crónica no es deseable, ya que se asocia a accidentes cardiovasculares, cáncer, diabetes mellitus, daño renal y hepático, además de trastornos autoinmunes y neurodegenerativos.

¿Por qué soy capaz de magnificar o amplificar estímulos recibidos?

Aunque en una bajísima proporción, tu cuerpo también tiene mecanismos de **retroalimentación positiva** que tienden a amplificar respuestas fisiológicas para alcanzar un objetivo, es decir, círculos viciosos que van cada vez a más. La mayoría de estos mecanismos se relacionan con la reproducción.

El orgasmo supone la «cima» de la montaña de la excitación, es decir, deben existir unos mecanismos que vayan sumando y amplifiquen las sensaciones, y que permitan avanzar desde la ladera hacia el pico. Alcanzar el orgasmo requiere un creciente flujo sanguíneo hacia los genitales, causado por la estimulación erótica sensorial visual, olorosa, gustativa, táctil o incluso cerebral (la imaginación es el más potente afrodisíaco). Este estímulo no solo dirige flujo sanguíneo hacia la zona reproductiva, sino que genera tensión muscular y eleva la frecuencia cardíaca, lo cual causa a su vez una mayor lubricación y turgencia de los miembros por vasocongestión. Esta tumefacción y aumento del flujo amplifica, intensifica y potencia las sensaciones de placer de las zonas erógenas (genitales, pezones, cuello, boca, etc.).

Durante el avance hacia el orgasmo, estos cambios se agudizan. En los hombres, con los cuerpos cavernosos erectos, la vejiga se cierra para evitar la mezcla de orina con semen, y los músculos de la base del pene presentan contracciones rítmicas que finalmente eyaculan el semen con el orgasmo. En las mujeres, la estimulación pélvica, especialmente clitoriana, conduce al orgasmo acompañado de espasmos vaginales y uterinos rítmicos en oleadas de placer. Dichas contracciones, tanto las masculinas como las femeninas, facilitan y propulsan el semen hacia las trompas de Falopio para que pueda encontrar fácilmente al óvulo. En cuanto se alcanza el clímax, se libera la tensión muscular acumulada durante la excitación con contracciones musculares involuntarias, respiración agitada y, sobre todo, una repentina liberación de la tensión nerviosa junto con una sensación cerebral de bienestar.

La **liberación de oxitocina** con el orgasmo ayuda al *bonding* o afianzamiento de la relación entre los practicantes, y tanto la dopamina como la serotonina son responsables de que el orgasmo sea placentero y aporte euforia. El orgasmo, junto a la liberación de los gametos sexuales (en el caso del hombre, los espermatozoides), supone el objetivo final de estos mecanismos de retroalimentación positiva, y es evidente su función evolutiva para conseguir la perpetuación de los genes.

Otros dos ejemplos muy importantes de mecanismos de retroalimentación positiva son **el parto y la lactancia**. En las fases iniciales del parto, la presión de la cabeza del bebé sobre el cuello del cérvix libera oxitocina, que aumenta las contracciones uterinas que empujan aún más al bebé, volviendo a ejercer más presión sobre el cuello del útero. Y así continúa un círculo vicioso que se amplifica hasta que el bebé atraviesa finalmente el canal del parto y sale por la vagina.

En la lactancia es la propia succión del pezón por el bebé la que estimula la liberación de prolactina y oxitocina, las cuales son encargadas de la producción y eyección de leche respectivamente, para alimentar al recién nacido durante la primera etapa de vida. Una mayor succión produce una mayor liberación de estas hormonas, lo que a su vez provoca un aumento de la producción de leche; cuanto más se succiona, más leche se produce.

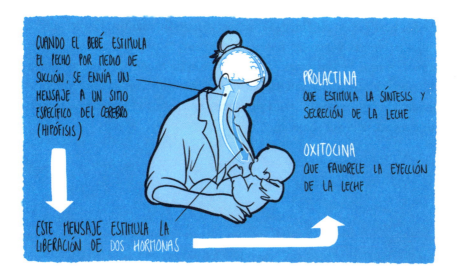

¿Por qué produzco leche con solo oír llorar a un bebé?

La liberación de oxitocina no solo responde a los estímulos sensoriales y mecánicos del pezón y la areola, sino que también puede ser desencadenada por estímulos visuales, auditivos y olfativos (olor del bebé, su llanto, etc.). Esto hace que la leche empiece a fluir desde los alvéolos mamarios al exterior antes de que el bebé empiece la succión. La oxitocina también es responsable de los entuertos o contracciones uterinas posparto que ayudan reducir el tamaño del útero y a colapsar los vasos sanguíneos sangrantes que quedan en el lugar donde estaba la placenta, lo cual reduce la probabilidad de hemorragias posparto. Además, es uno de los principales motores generadores de la relación amorosa maternofilial.

La oxitocina también es la responsable de generar un **vínculo entre las personas que mantienen contacto físico**, y nos ayuda a mantenernos relajados y felices. Pocas cosas hay más reconfortantes que un largo abrazo. En esto, los países anglosajones nos llevan la delantera, ya que es común saludar a un amigo con un abrazo, en lugar de los dos besos en la mejilla de los países hispanohablantes. Con el abrazo mejoran varias variables fisiológicas como la presión arterial, el sistema inmune, la autoestima y la sensación de bienestar y de pertenencia. Abraza todo lo que puedas, ya que no solo estarás regalando píldoras de felicidad gratuitas, rápidas y eficaces, sino que tú también las estarás recibiendo. ¡Viva el altruismo!

SEGUNDA PARTE

TEJIENDO se ENTIENDE la GENTE: los 4 TEJIDOS BÁSICOS

¿Qué haríamos sin nuestras abuelas? Somos una de las pocas especies animales que vivimos más allá de nuestra etapa fértil, y es precisamente ese período de edad en el que no hay que ocuparse de las crías uno de los factores que pudo haber hecho florecer al *Homo sapiens,* según recientes investigaciones. Los bebés frágiles y sus inmensos cerebros tuvieron más probabilidades de sobrevivir y desarrollarse gracias a las abuelas. Esto hizo que las abuelas se mantuvieran activas y saludables, y redundó en una mayor longevidad, lo que a su vez mejoró la productividad y la cantidad de nietos que engendraban sus hijos. ¡Aprovecha para mandarles un abrazo a tus abuelos, y yo te cuento una historia de los míos!

Cuando mi abuela se ponía a tejer, le encantaba contarnos relatos de cuando ella jugaba al parchís. Así conoció a su marido, nuestro abuelo. «Desafortunado en el juego, afortunado en amores», repetían. No ganaron la partida, pero tuvieron una relación muy fluida.

Él decía que le encantaba la forma en que la abuela agitaba el dado. Ella decía que eran 4 los rasgos más llamativos de él: sus labios, la forma de su espalda, sus gemelos y su ingenio. ¡Qué combinación! Yo, que tengo una capacidad innata para relacionar la velocidad con el tocino, y que a veces me gusta ligarlo todo, pensé: «¡Qué curioso! Jugando a los cuatro colores, mi abuela percibió los **cuatro tejidos básicos** de los que estamos compuestos; el **epitelio** en los labios, el tejido **conectivo** (los huesos) de la espalda, el **músculo** de los gemelos y el sistema **nervioso** en el cerebro».

Todas las células de tu cuerpo tienen la misma información genética, ya que proceden de una misma célula, el cigoto. Sin embargo, durante el desarrollo embrionario, debido al **proceso de diferenciación celular**, las células se «comprometen» a un tipo celular y presentan grandes diferencias de forma y función, lo cual da origen a los diferentes tejidos. En los vertebrados hay 4 tipos principales de tejidos que se distinguen por la apariencia de sus células, así como por la cantidad y el tipo de sustancia que las separa (matriz extracelular): epitelial, conectivo (sanguíneo, adiposo, óseo, etc.), muscular y nervioso. A continuación, veremos las características de cada uno.

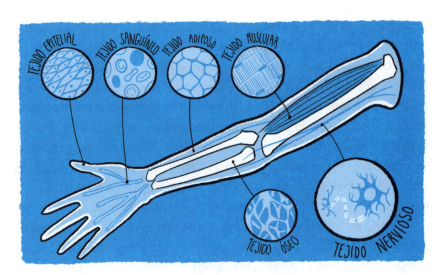

✳ 6 ✳

El traje y el perfume de todos los días: piel y glándulas

El **tejido epitelial** forma todas las láminas que recubren tu cuerpo y sus cavidades, así como las glándulas, lo cual les da el nombre de epitelios de revestimiento o glandulares, respectivamente. No solo recubre todo nuestro exterior, sino también nuestro interior, como los pulmones, el tubo digestivo o las vías urogenitales. Está formado por células fuertemente entrelazadas con diferentes tipos de uniones oclusivas y adherentes, lo que hace que carezca de matriz extracelular e incluso de vascularización propia. ¡Los epitelios son células que forman una muralla sin separación entre ellas, una línea defensiva difícil de penetrar desde el exterior!

Cuando te haces un corte muy superficial, probablemente no llegas a sangrar, y es precisamente porque los epitelios no tienen vasos sanguíneos, de forma que los nutrientes y el oxígeno llegan por difusión a través de la capa de tejido conectivo que se encuentra inmediatamente anexa por debajo. El tejido epitelial puede estar compuesto por una o varias capas de células, y se clasifica en: epitelios simples (una capa), epitelios estratificados (más de una capa), epitelios estratificados queratinizados (más de una capa y con queratina) y epitelio transicional (o urotelio, recubre las vías urinarias), entre otros que son menos habituales. Así, cuanto más externo o periférico es el epitelio, más capas desarrolla, mientras que si se ubica en el interior del cuerpo, desarrolla menos capas.

¿Cómo es nuestra piel?

La piel es el primer órgano por el que nos comunicamos. Así, un bebé aprende a reconocer su propia identidad y la de su madre por el contacto piel con piel. La piel tiene un sinfín de funciones, que van desde la comunicación hasta la protección, la supervivencia, la termorregulación y el aislamiento del exterior. Muestra cómo somos y cómo hemos vivido, qué comemos, nuestras rutinas, nuestro origen y hasta nuestras emociones. La vergüenza repentina, la excitación o el estrés son visibles desde nuestra piel. Es como una pared que nos aísla del medio externo, pero con ventanas que exponen nuestra alma e historia.

La piel tiene 3 capas fundamentales: la **epidermis (capa más externa)**, compuesta por tejido epitelial (células fuertemente unidas), la **dermis (capa intermedia)**, compuesta por tejido conectivo (otro tipo de tejido básico explicado en el siguiente capítulo), y la **hipodermis (capa más interna)**, compuesta por tejido conectivo y adiposo, y responsable del anclaje de la piel a los órganos. La epidermis se separa de la dermis por una membrana, la **membrana basal**, que es responsable de conferir orientación espacial a las células epiteliales y les permite distinguir lo que es el interior de nuestro cuerpo del exterior. La membrana basal es como un delgado film transparente o capa que separa los epitelios del resto del cuerpo. Su importancia es tal que precisamente su rotura constituye el primer paso para que los tumores de origen epitelial o carcinomas invadan otros tejidos del cuerpo (metástasis).

La **epidermis, que es la capa más superficial de la piel** consta a su vez de 5 estratos (basal, espinoso, granuloso, lúcido y córneo), y su espesor varía según la parte del cuerpo. Es máximo en la planta de manos y pies, y mínimo en las cuencas de los ojos. Las células epiteliales se suelen intercalar con otros tipos celulares especializados en la secreción de moco (células caliciformes), en la detección de agentes extraños (células de Langerhans) y en la recepción sensorial (células de Merkel), así como con melanocitos, responsables de la producción de melanina, un pigmento que nos protege de la radiación ultravioleta.

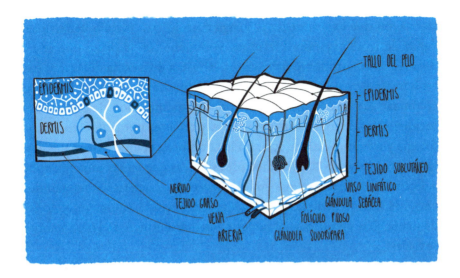

La **queratina** es la proteína que forma la estructura principal de pelo y uñas, pero también de cuernos y pezuñas. Nuestra piel está cubierta por una capa de queratina (estrato córneo), compuesta exactamente por células muertas que han dejado su esqueleto celular proteico para proteger a las capas inferiores de las inclemencias externas y de la deshidratación. Una vez penetramos en la cavidad oral, el epitelio pierde la queratina, dado que ya alberga hidratación y lubricación propia procedente de la saliva generada en las glándulas salivares. No obstante, algunos epitelios de la cavidad oral mantienen la queratinización para poder lidiar con las fuerzas de fricción de las encías, la lengua o el paladar duro contra los alimentos durante la masticación.

A medida que profundizamos en nuestro interior por el tubo digestivo, a través del esófago, el estómago y los intestinos, el epitelio se adelgaza y llega a ser de una sola capa, es decir, un **epitelio simple** que no necesita las capas de protección, a diferencia de un epitelio en contacto con el exterior. La misma transición hacia un epitelio simple ocurre en el tracto respiratorio (árbol bronquial), para permitir el intercambio gaseoso.

Tenemos un tipo especial de epitelio que recubre las vías urinarias y recibe el nombre de **epitelio transicional o urotelio**, por la transición que experimenta la vejiga cuando está vacía o llena, al ser capaz de ir albergando diferentes volúmenes de la orina que se genera. El compartimento urinario es estéril, a diferencia del tracto gastrointestinal, y no alberga bacterias. De hecho, cuando las bacterias colonizan las vías urinarias, se produce una infección de orina, cuya incidencia es diferente entre hombres y mujeres por la diferente morfología y longitud de la uretra. En los hombres, la uretra tiene una longitud promedio de 20 centímetros, mientras que en las mujeres mide 4-5 centímetros; de ahí que en las mujeres, las bacterias lo tengan mucho más fácil para acceder a la vejiga, proliferar y causar infecciones de orina. ¡No subestimes el poder de orinar después de las relaciones sexuales!

¿Por qué se usa la lengua para diagnosticar enfermedades del cuerpo?

Las capas más superficiales de la piel se renuevan cada 2-3 semanas, con lo que nuestros **epitelios** son uno de los tejidos con **una mayor tasa de renovación celular**. Este proceso se puede observar fácilmente cuando el bronceado del verano empieza a desaparecer al cabo de unos días. Por este motivo, los primeros signos de enfermedad (anemias, déficits nutricionales, deshidratación, etc.) se hacen patentes en los tejidos epiteliales, como los de las mucosas (bucal, ocular, etc).

La superficie de la lengua esta recubierta de un epitelio de varias capas queratinizado que recubre unas protuberancias llamadas papilas filiformes con aspecto de hilo grueso. Entre estas papilas viven bacterias, pero también hongos y una microbiota muy variada. Una dieta baja en fibra sostenida en el tiempo o una mala higiene hacen que estas papilas alargadas no se exfolien (las capas superficiales no se eliminan), y que por tanto exista una sobreextensión de las mismas, que les confiere un aspecto similar a un pelo. Sí, como lo oyes, puedes tener pelos en la lengua, literalmente hablando.

Esto puede ir acompañado de alteración de las bacterias linguales y se conoce como lengua vellosa o pilosa. No reviste la mayor gravedad, ya que se elimina con una buena rutina de higiene lingual y comiendo alimentos ricos en fibra.

Los griegos ya usaban la observación de la lengua como un método para detectar enfermedades, y actualmente es una parte rutinaria del diagnóstico en la medicina tradicional china. Por ejemplo, atendiendo al color, una lengua sana es rosada, mientras que una lengua pálida puede ser signo de déficits nutricionales o niveles bajos de hemoglobina en sangre. Si tiene una película blanca gruesa en su superficie, pueden ser hongos (candidiasis), mientras que si presenta una coloración rosada intensa, puede ser por fiebre escarlata (o escarlatina). La lengua da pistas, aunque siempre es mejor hacer un diagnóstico analítico, bioquímico o microbiológico específico.

¿Qué revela el sudor sobre nosotros?

El sudor, ese gran enemigo que todos temen en reuniones sociales o íntimas, no es más que plasma sanguíneo filtrado y enriquecido con minerales y moléculas orgánicas, y sintetizado en las glándulas sudoríparas. Estas se alojan en la dermis, por debajo de la epidermis, y pueden secretar de 600 a 1.500 mililitros de sudor al día, llegando a producir de 10 a 15 litros si se realiza deporte en días muy calurosos.

Las **glándulas sudoríparas** contienen numerosas terminaciones nerviosas que mediante el impulso nervioso inducen rápidamente la liberación de sudor. La hiperhidrosis (exceso de sudoración) se puede tratar con bótox, una neurotoxina elaborada por una bacteria denominada *Clostridium botulinum*, que bloquea la transmisión del impulso nervioso que llega a la glándula y, por tanto, la secreción de sudor. Esta misma toxina paralizante se usa para el tratamiento del estrabismo (cuando el eje visual de los ojos no está alineado), el bruxismo (la contracción involuntaria de los músculos mandibulares que hace rechinar los dientes) o incluso la migraña.

La densidad de las glándulas sudoríparas depende de la zona corporal. Por ejemplo, tenemos más glándulas sudoríparas en zonas del cuerpo que requieren refrescarse, como las axilas, las palmas de las manos, las plantas de los pies y la región frontal de la cara. Además, el olor del sudor se produce cuando este entra en contacto con las bacterias de nuestra piel, ya que por sí mismo es inodoro. Si notas que el olor de una axila es más fuerte que el de la otra, puede deberse a una distribución diferente de las bacterias, así como al hecho de que no te limpias igual o no aplicas desodorante de la misma forma.

Varios experimentos demuestran que el sudor no solo participa en el enfriamiento del cuerpo, sino que también puede **transmitir mensajes** a través de lo que se conoce como **sudor emocional**. Por ejemplo, en un estudio recolectaron muestras de sudor de hombres mientras veían escenas de películas de terror que evocaban sentimientos de miedo o asco. Cuando expusieron a un grupo de mujeres a estas muestras de sudor, sus expresiones faciales reflejaron miedo o asco, en función de la emoción que había sido percibida por el hombre. Ante las muestras control, las participantes no mostraron ninguna expresión facial predecible.

Hoy se sabe que la composición química del sudor varía en función de la emoción presentada, además de estimular al interlocutor con un patrón de emociones acordes. Entre otros factores, esto podría ser parte de la explicación biológica que hay detrás del sentimiento de **empatía**.

Tu sudor no solo atrae al sexo opuesto, sino también a varios tipos de mariposas, las cuales se posan sobre nuestras zonas sudorosas para obtener su ración diaria de sales minerales. Y fíjate en el hipopótamo: su sudor conocido como «sudor de sangre» es rojo y aceitoso, y actúa como antiséptico y protector solar. ¡Alégrate, porque el tuyo ni se pega, ni es tan evidente!

¿Existe el bronceado saludable?

Probablemente estás leyendo este libro tumbado al sol, impregnándote de los rayos solares que fueron emitidos por nuestro astro rey hace poco más de 8 minutos. Esta radiación electromagnética ha viajado 150 millones de kilómetros a una velocidad de 300.000 kilómetros por segundo para incidir sobre tu piel. De entre todas las longitudes de onda que la componen, la radiación que puede broncearte está fuera del espectro visible (no la puedes ver), y se encuentra en un rango de radiación muy energética llamada «ultravioleta». Esta se clasifica a su vez en tres tipos, según su longitud de onda: UVA, UVB y UVC.

La radiación **UVA** incide sobre nuestra piel y atraviesa la dermis, con lo cual causa fotoenvejecimiento. Este se caracteriza por una pérdida de colágeno y elastina, lo que confiere a la piel un aspecto acartonado, con arrugas y manchas. Estos rayos son los que se usan en las lámparas y camas bronceadoras. Las personas que se exponen mucho a estos rayos ultravioletas tienen un mayor riesgo de cáncer de piel.

La radiación **UVB** tiene un poco más de energía que los rayos UVA. Daña directamente el ADN de nuestras células de la piel y es la principal causante de las quemaduras de sol, así como la causa principal del cáncer de piel. Sin embargo, por otro lado, estos rayos UVB son los responsables de la **síntesis de vitamina D**.

Finalmente, los rayos **UVC** tienen más energía que otros tipos de rayos UV, pero no penetran en nuestra atmósfera, ya que son retenidos por la capa de ozono. ¡De la que nos hemos librado!

Como has visto, ninguna de las radiaciones solares es segura, ya que todas causan mutaciones y roturas en las hebras de ADN. Este daño a nivel celular se refleja a corto plazo en la piel como inflamación, rojez y formación de ampollas. Sin embargo, a largo plazo, se eleva el riesgo de daño acumulativo y cáncer de piel. Esto se debe a que a medida que las células se dividen, transmiten a sus células hijas estas mutaciones, lo cual incrementa el riesgo de que existan más variabilidad y más mutaciones, especialmente con la edad y con la sucesiva exposición al sol.

El bronceado, por tanto, es una **respuesta de protección** de nuestro cuerpo, que genera un aumento de la producción de melanina por parte de los melanocitos. Esta melanina crea una barrera para que estos rayos no penetren en el interior de nuestras células, disipando la energía de la radiación en forma de calor. Esto explica por qué las personas con tonos de piel claros o fototipos bajos son más propensos a las quemaduras solares, mientras que las personas de fototipos altos, con grandes cantidades de melanina y tez oscura, presentan una mayor resistencia al sol.

Sin embargo, podemos broncear ligeramente nuestra piel o conseguir un efecto *sunkissed* (besado ligeramente por el sol) mediante dos métodos que no acarrean ningún riesgo. El primero es supersaludable e implica **tomar alimentos ricos en carotenoides**, como las zanahorias o los tomates, entre otras frutas y verduras. Proporcionarán un ligero tono natural a tu piel y encima recargarás tus niveles de vitaminas y minerales. El segundo método que también puedes usar son los **autobronceadores** cosméticos.

Los autobronceadores se deben aplicar sobre la piel limpia e hidratada para que dejen un tono dorado y uniforme. Funcionan porque contienen un azúcar incoloro aprobado por la FDA, la dihidroxiacetona, que al aplicarla sobre la piel, reacciona con los aminoácidos de la capa de células muertas (estrato córneo) y da lugar a una coloración dorada-marrón. Después de 5 a 7 días, como la capa de células muertas se recambia, el efecto del bronceado desaparece. Recuerda que debes aplicar de todos modos fotoprotección, ya que un tono dorado o bronceado por estos métodos no te protege de la radiación ultravioleta.

¡Cuando estés bajo el astro rey, no olvides que los bombones al sol se derriten!

¿Qué hago en caso de quemadura? ¿Me pongo aceite o hielo?

Las quemaduras ocurren por el contacto directo o indirecto con una fuente de calor, con la corriente eléctrica, con la radiación o con agentes químicos. Su tratamiento dependerá siempre de su severidad. Existen cuatro tipos de quemaduras, que se nombran de acuerdo con su gravedad:

* **De primer grado (superficiales)**. La piel se enrojece, pero no se ampolla. Las quemaduras de sol leves son de este tipo.
* **De segundo grado (parciales)**. La capa exterior de la piel (epidermis) y alguna parte de la dermis se lesionan. Es un tipo de quemadura bastante dolorosa y salen ampollas.

✳ **De tercer grado (totales).** La epidermis, la dermis y parte del tejido subcutáneo (hipodermis) se lesionan irreversiblemente. La piel quemada se ve blanca o carbonizada.

✳ **De cuarto grado (muy graves).** Afectan a todas las capas de la piel y a las terminaciones nerviosas que contiene, y pueden dañar el tejido subyacente. Además, pueden abarcar áreas del cuerpo muy grandes o zonas sensibles como la cara, los genitales, las vías respiratorias o las articulaciones. De hecho, no suelen causar dolor porque las terminaciones nerviosas se han destruido. Tanto estas como las quemaduras de tercer grado deben ser vistas de inmediato por un médico.

En caso de quemaduras leves (primer grado o segundo grado de extensión pequeña, es decir, menor de 5 a 7 centímetros), la mejor forma de proceder es la siguiente:

1. Enfría la quemadura. Coloca la parte afectada debajo de un chorro de agua a temperatura ambiente durante 5-10 minutos. Esto ayuda a evitar que se siga quemando y disminuye el dolor y la inflamación. En caso de quemaduras ocasionadas por sustancias químicas se debe realizar un lavado de arrastre durante al menos 30 minutos.

2. Seca la zona a toquecitos suaves con un paño limpio o gasa. No se debe poner hielo, ni frotar su superficie o romper las ampollas, ya que puede empeorar la lesión o incluso infectarla.

3. Cubre la quemadura con un vendaje limpio que no se pegue a la lesión. Esto ayuda a disminuir el riesgo de infección y alivia el dolor.

4. Una vez protegida la quemadura, debes mantenerla limpia, lavándola suavemente con agua y jabón. No se deben aplicar aceites, mantequillas, grasas u otros remedios caseros, ya que podrían aumentar el riesgo de infección.

5. Si duele mucho, puedes tomarte un analgésico para aliviar el dolor.

Las quemaduras leves que no presentan ampolla se curan sin dejar cicatriz. Sin embargo, si la lesión presenta ampollas, puede que deje la piel con un tono diferente. Para minimizar al máximo la posibilidad de que aparezca una cicatriz, debes mantener la quemadura protegida del sol al menos durante un año.

¿Cómo curo una herida?

Como en el caso de las quemaduras, el tratamiento de las heridas dependerá siempre de la severidad de las mismas.

* Un moratón, rasguño o corte leve: lava la herida con agua y jabón y usa un vendaje o tirita. Para limpiar y desinfectar heridas está desaconsejado el uso de alcohol, ya que puede irritar las zonas lesionadas. También se desaconseja el agua oxigenada, ya que su efecto corrosivo puede dañar más a nuestras células que a los patógenos invasores. El agua oxigenada es útil en una herida producida por abrasión (por ejemplo, si te raspas la rodilla con el asfalto o el suelo al caer), ya que aporta oxígeno a las células, a la vez que ayuda a que se desprenda el tejido necrosado. Para el resto de heridas se recomienda la povidona yodada (Betadine) o clorhexidina (Cristalmina), ya que son excelentes desinfectantes que no dañan los tejidos lesionados.

* Una herida profunda que presente algunas de estas características: muy grande o muy ancha; profunda; que afecte a la cara, a los labios o al cuello; que tenga un trozo de un objeto en su interior o que sangre abundantemente debe ser atendida en Urgencias lo antes posible. Cuanto más profunda, más grande o más sucia sea una herida, más cuidados necesitará; requerirá un tratamiento especial, así como supervisión para prevenir las infecciones.

¿Por qué no hay que arrancar las costras de las heridas?

Tras los primeros días de una herida o cirugía notarás que la lesión está inflamada, hinchada o roja. Esta inflamación es un signo de que el sistema inmunitario se moviliza para proteger la herida de posibles infecciones. Mientras el cuerpo hace su proceso de curación por dentro, por fuera se forma una costra, es decir, una cáscara seca de color entre marronáceo y amarillo. La función de la costra es proteger la herida mientras la piel lesionada se va reconstituyendo por debajo. ¡Vaya artimaña arquitectónica!

Debajo de la superficie protectora de la costra, el cuerpo produce nuevos vasos sanguíneos y repara los dañados. La piel fabrica colágeno, una fibra proteica esencial resistente, que reconecta y sella el tejido roto. Una vez finalizado el proceso de curación, la costra se seca y se cae, dejando la piel reparada y, a menudo, una cicatriz. Si se arranca la costra mientras el tejido se está reparando, podríamos arrancar parte del tejido en reparación.

Las cicatrices presentan un aspecto diferente al de la piel normal, ya que carecen de elastina, una de las proteínas de la dermis que confiere flexibilidad y elasticidad. De hecho, las cicatrices contienen principalmente colágeno, responsable de la resistencia del tejido pero no de su elasticidad, lo cual las hace más duras y menos flexibles que la piel que las rodea.

Una vez la cicatriz está ya cerrada y curada, puedes empezar a **masajearla con aceite** (de argán, de rosa mosqueta, etc.), ya que esto ayuda a que el colágeno de la cicatriz se mezcle con la elastina de la piel circundante y reduce con ello el aspecto fibroso y la textura de la cicatriz.

¿Es bueno lavarse el cabello todos los días?

El sebo (grasa) se produce en las glándulas sebáceas del cuero cabelludo, del rostro, del pecho, de la espalda y de la zona anogenital, entre otras, y tiene una función protectora y de defensa.

La grasa que produce el cuero cabelludo es vital para un cabello sano y brillante. A pesar de lo que los anuncios de champú hacen creer, lavarse el cabello con mucha frecuencia no solo te quita tiempo, sino que además puede dar a tu pelo un aspecto áspero, opaco o difícil de peinar. Eliminar completamente los aceites naturales de tu cabello o de tu piel puede tener un efecto rebote, es decir, tu piel o tu cabello son cada vez más grasos. Cuanto más te lo laves, más necesitarás lavarlo.

La frecuencia con la que debes lavarte el cabello depende de diversos factores. La principal recomendación es que se lave cuando tenga aspecto aceitoso o se sienta sucio al tacto. La mayoría de las personas no necesitan lavarse el cabello a diario, ni siquiera cada 2 días.

* 7 *

Completando el puzle: tejido conectivo

Viajando desde la periferia de nuestro cuerpo hacia el interior, después del epitelio, lo siguiente con lo que nos topamos es el **tejido conectivo o conjuntivo**. Este se encarga de aportar el marco (o estroma) de soporte y conexión a los otros 3 tejidos básicos (epitelial, nervioso y muscular). ¡Es como el pegamento entre los diferentes órganos de nuestro cuerpo!

A diferencia de las células epiteliales que estaban fuertemente cohesionadas, las células del tejido conjuntivo están muy separadas entre sí. Entre ellas hay un gran espacio ocupado por un material que ellas mismas producen, la **matriz extracelular**. Además, las células del tejido conjuntivo reciben vasos sanguíneos, linfáticos y nervios, al contrario de lo que se observa en los epitelios, que carecen de ellos. De hecho, son los vasos sanguíneos de los tejidos conectivos los que dejan escapar los nutrientes que llegarán a los epitelios por difusión.

Las células del tejido conectivo pueden desempeñar funciones variadas, como el almacenamiento de metabolitos, la producción de la matriz extracelular, las respuestas inmunitarias e inflamatorias, la reparación tisular, etc. Las células del tejido pueden ser fijas, como los fibroblastos, o móviles/itinerantes, como los neutrófilos o linfocitos, que llegarán al tejido a través de la circulación sanguínea solo en situaciones especiales, como en casos de inflamación.

La matriz extracelular, que es la sustancia que hay entre las células, puede estar formada por fibras como el colágeno o la elastina, así como por sustancia fundamental, un «gel» semilíquido, transparente y amorfo que contiene unas moléculas que actúan como «esponjas» que retienen agua (glicosaminoglicanos, proteoglicanos). La más conocida de estas moléculas es el **ácido hialurónico**, el relleno natural por excelencia usado en cosmética y en cremas. ¡Puede aumentar hasta 1.000 veces su tamaño al retener una enorme cantidad de agua!

¿Qué tipos de tejidos conectivos existen?

Los tejidos conectivos se definen según su composición y localización:

* El **tejido conjuntivo embrionario** deriva del mesodermo, la capa embrionaria media. Está presente en el embrión y dentro del cordón umbilical, y da origen a varios tejidos conjuntivos del cuerpo.
* El **tejido conjuntivo laxo** es sobre el que se apoya la mayoría de los epitelios. Como su nombre indica, tiene una matriz extracelular laxa con fibras de colágeno y abundantes células. Muchas de las células migran del sistema vascular para desempeñar funciones de vigilancia inmunitaria. La dermis de la piel es un ejemplo.
* El **tejido conjuntivo denso**, en oposición al laxo, se encuentra en zonas donde solo se requiere resistencia, como los tendones y ligamentos. Las células son relativamente escasas y las fibras de colágeno son abundantes y densas, disponiéndose paralelas unas a otras.

Los **tejidos conjuntivos especializados** son el cartílago, el hueso, el tejido adiposo y la sangre; estos difieren en el tipo de células y en la naturaleza de su matriz extracelular. Por ejemplo, **el cartílago** posee una matriz que contiene una gran cantidad de agua unida a moléculas «esponja», como los glicosaminoglicanos. **El hueso** tiene una matriz mineralizada por calcio y fosfato. El **tejido adiposo** tiene una matriz reticular que forma una red. **La sangre** está compuesta por una matriz extracelular líquida con abundancia de proteínas que se llama «plasma» y circula por todo el organismo. Cada tejido tiene sus células especializadas embebidas en estas matrices.

El cartílago, de hecho, supone una excepción, ya que a diferencia del resto de tejidos conectivos, **carece de vasos y nervios**. Por tanto, la composición de su matriz extracelular debe permitir la difusión de sustancias desde los vasos sanguíneos del tejido circundante a las células cartilaginosas (condrocitos) dispersas dentro de la matriz.

Si el cartílago no tiene vasos ni nervios, ¿cómo se repara?

Nuestras articulaciones están recubiertas de cartílago porque es un material que puede tolerar la acción de fuerzas intensas y repetidas. Sin embargo, las lesiones del cartílago presentan una capacidad de reparación muy limitada o casi inexistente, debido precisamente a la falta de inervación e irrigación propia.

En nuestra juventud, las células de la superficie del cartílago podrían repararlo parcialmente, al producir el colágeno específico del cartílago. Sin embargo, en los adultos, lo más común es que se formen vasos sanguíneos nuevos en el sitio de la herida, lo cual estimula el desarrollo de tejido óseo en vez de tejido cartilaginoso funcional.

Actualmente, se recurre a una variedad de tratamientos que pueden mejorar la curación del cartílago articular. Entre ellos se incluyen los **trasplantes celulares autólogos**. Esta técnica se basa en extraer un trozo de cartílago sano y cultivarlo en el laboratorio para que proliferen las células hasta conseguir varios millones. Después se inyectan en la zona dañada y se mantienen sujetas al cartílago dañado mediante una «tirita biológica» hecha de colágeno o incluso de la propia superficie del hueso del paciente. A los pocos meses de la cirugía tras el reposo, el paciente puede volver a su rutina habitual de ejercicio.

¿Cuándo dejamos de crecer?

El crecimiento en altura se produce por el alargamiento de los huesos del cuerpo, que crecen longitudinalmente junto con el cartílago adyacente, aproximadamente hasta los 21 años de edad. El **cartílago es el tejido preferido del cuerpo para el proceso de crecimiento**, ya que presenta propiedades duales únicas de dureza y elasticidad. Debido a que mantiene esta propiedad incluso mientras crece, el cartílago supone el tejido fundamental para el desarrollo del esqueleto fetal y para la mayoría de los huesos en crecimiento. Cuando estabas en el vientre materno, la mayor parte de tu esqueleto era cartílago antes de ser progresivamente sustituido por hueso.

Con la pubertad, entre los 12 y 15 años, la progresiva elevación de las **hormonas sexuales** origina la desaparición del cartílago en los huesos en crecimiento. Así, en los extremos de los huesos existen unas estructuras de cartílago en forma de plato llamadas «discos epifisiarios», que son reemplazadas por hueso, lo que **detiene su crecimiento longitudinal** y condiciona nuestra altura final.

Te preguntarás entonces si es por eso que las orejas y la nariz, al estar formadas de cartílago, nunca dejan de «crecer». La respuesta es que sí. Son las únicas partes de nuestro cuerpo cuyo tamaño aumenta con la edad. Con el tiempo, el colágeno y las fibras que componen el cartílago comienzan a descomponerse. Esto, sumado a la gravedad y a que la piel es cada vez más laxa, hace que esta última se desprenda del cartílago, lo cual hace aumentar el volumen de la nariz y las orejas. Además, con la vejez, al perder grasa facial, y por tanto volumen en la cara, el aumento del tamaño de orejas y nariz se nota mucho más.

Otra estructura que tampoco deja de crecer en los hombres con la edad es la próstata, una glándula encargada de producir parte del líquido del semen. La próstata tiene el tamaño de una nuez y se ubica debajo de la vejiga masculina, envolviendo a la uretra (el conducto que vacía la orina). Un aumento de su tamaño, que se conoce clínicamente con el término de «hipertrofia prostática benigna», puede llegar a comprimir la uretra y hacer que el hombre tenga dificultades para miccionar o tenga más sensación de querer ir al baño. Esta hipertrofia aumenta el riesgo de cáncer de próstata.

Y, por último, es normal **levantarte con más altura** que cuando te acuestas. A lo largo del día, la fuerza de la gravedad sobre tus discos intervertebrales te comprime a modo de acordeón, así que asegúrate de descansar en horizontal tus 7-8 horas para lucir con todo tu potencial.

¿Por qué hay que impactar el hueso para que aumente su dureza y resistencia a las fracturas (para evitar la osteoporosis)?

Cuando dejas de usar un objeto, con el tiempo deja de funcionar, ya sea porque se oxidan sus mecanismos, se desgastan sus baterías o se despegan sus componentes. Lo mismo ocurre con nuestros huesos: están continuamente adaptándose a las demandas tensionales a las que les sometemos.

Así, un hueso que no es impactado o se mantiene en reposo, reducirá su mineralización ósea por naturaleza haciendo que aumente su fragilidad y la propensión a sufrir osteoporosis (huesos frágiles que se rompen con facilidad). Y al contrario, los impactos en los huesos, ya sean por correr, saltar o bailar, o incluso las tracciones fuertes como el levantamiento de pesas, aumentan la mineralización y, por tanto, la resistencia a la fractura.

Las células que viven embebidas en tus huesos, los osteocitos, actúan como unos sensores mecánicos de fuerza, que depositan más **calcio y fosfato** siempre que el hueso reciba **fuerzas de tracción**. Sin embargo, si no ingerimos cantidades suficientes de estos minerales, los osteoclastos, otro tipo celular del hueso, los liberarán de la estructura ósea para que estos pasen a sangre, donde sus niveles deben mantenerse dentro de unos límites muy constantes.

Como has visto, el hueso es un tejido muy dinámico que se encuentra en **constante remodelación** y experimenta un recambio continuo de calcio y fosfato. Para mantenerlo en un estado óptimo debemos hacer deportes de impacto, así como consumir cantidades suficientes de estos minerales. Existen fuentes vegetales de calcio, como la col, el brócoli o las almendras; o fuentes de origen animal, como la leche, el queso o el yogur. El fósforo lo encontrarás en cereales de grano entero (integrales), pipas de girasol, lentejas y todo tipo de carnes y pescados. Y no olvides la vitamina D, que se necesita para la absorción de estos minerales en el intestino.

¿Qué es la celulitis?

La celulitis es una afección inofensiva de la piel que provoca la aparición de protuberancias y hoyuelos en muslos, caderas, glúteos y abdomen. Se produce porque las fibras de tejido conectivo que sujetan la piel al músculo empujan hacia abajo la grasa que hay entre ellas, lo cual crea esa superficie irregular y los hoyuelos.

Prevalece más en las mujeres, ya que estas tienden a depositar grasa en estas áreas. La celulitis también es más común con el envejecimiento, ya que la piel va perdiendo elasticidad. El aumento de peso puede hacer que la celulitis sea más evidente, pero algunas personas delgadas también la tienen. Suele ser hereditaria, por lo que la genética desempeña un papel importante. Un estilo de vida sedentario puede aumentar las probabilidades de tener celulitis, al igual que el embarazo.

¿No te parecen tiernos los bebés con celulitis en el culito? Pues vamos a intentar trasladar esa percepción a los bebés mayorcitos, ¿no? ¡Que vivan los hoyuelos!

8

¡Que la fuerza te acompañe!: músculo

¡Relaja la mandíbula! Y ya puestos, cualquier músculo que notes en tensión. La contracción de músculos que no participan en un movimiento o una postura es totalmente innecesaria y nos informa de nuestro estado de tensión corporal. ¡Empieza por este ejercicio de consciencia y lee en un estado relajado!

Para leer el párrafo anterior has utilizado los músculos orbiculares de los ojos, pero también el diafragma, para respirar, y muchos otros músculos de los que no eres consciente, ya que se encuentran bajo un control involuntario o autónomo.

El músculo se caracteriza por ser un tejido contráctil capaz de lograr un movimiento final. Etimológicamente, proviene del latín *musculus*, formado por *mus* (ratón) y *-culus (pequeño)*, o sea, el pequeño ratón que aparece en el bíceps cuando lo contraes y sacas «bola». ¡Qué visuales, estos romanos!

Existen **3 tipos** principales de músculos en nuestro cuerpo, que se diferencian en su morfología, en su mecanismo de acción, así como en su control y capacidad de replicación: el **músculo estriado,** el **músculo cardíaco** y el **músculo liso**.

Hay algunas células que presentan características híbridas, es decir, son típicas de otros tejidos, como células epiteliales o conectivas (fibroblastos), pero también presentan capacidad contráctil; se denominan con el prefijo *mio-*. Así, encontramos células «mioepiteliales» en la periferia de las glándulas, donde su contracción ayuda a expulsar el contenido albergado en el interior de la glándula, y los «miofibroblastos», tan importantes para cerrar heridas o aberturas del tejido conectivo, ya que su contracción facilita el cierre de las cicatrices.

Los músculos suponen el 40 por ciento de tu peso corporal, y si quieres desarrollarlos, solo tienes que trabajarlos. Son los músculos los que definen nuestra silueta junto con la grasa.

¡Mucha gente dice que no tiene una «tableta», lo que quiere decir que no tiene definida la zona central del tronco! Lo mejor es decir que la tienes fundida, y a continuación puedes hacer dos cosas: ponerte manos a la obra, con ejercicio y comida saludable, o ¡meterla en la nevera! ¡Lo segundo dudosamente funcionará!

¿Controlo yo todos mis músculos?

Empiezas a correr, liberando toneladas de endorfinas, feliz, y además movilizando muchos músculos, la mayoría **músculos estriados**. Las células de estos músculos presentan estriaciones transversales, porque las proteínas encargadas de la contracción muscular están fuertemente empaquetadas en haces o fibrillas, lo cual les da su aspecto estriado. El tejido conjuntivo se encarga de mantener unidas estas fibras, permitiendo que la fuerza de contracción generada por cada fibra muscular individual actúe al unísono sobre el músculo entero, sobre los tendones y sobre los huesos. Los vasos sanguíneos, los vasos linfáticos y los nervios penetran en el músculo a través de este tejido conjuntivo y forman una extensa red capilar.

Los **músculos estriados** también se denominan **esqueléticos**, ya que son responsables de mover los huesos del esqueleto y del movimiento locomotor, es decir, permiten el movimiento del cuerpo y un cambio completo de posición (caminar, correr, saltar, etc.). También son músculos estriados algunos músculos de movimiento no locomotor, es decir, aquel que solo implica el cambio de alguna parte respecto al eje central del cuerpo (doblar, estirar, empujar, girar, etc.), como son los músculos cutáneos, los músculos oculares extrínsecos, la lengua, la laringe o el esfínter anal o uretral.

El músculo estriado, a diferencia de los otros 2 tipos de músculos, se encuentra bajo **control voluntario**, es decir, tú decides cuándo contraerlo. Por ejemplo, cuando decides ejecutar un movimiento, tu cerebro inicia una orden en las neuronas, que viaja rápidamente por la médula espinal hacia los nervios periféricos, que inervan ese músculo y ejecutan la acción.

Existen 2 excepciones que escapan a nuestro control: una es el tercio superior del esófago, ya que una vez iniciado el reflejo de la deglución, la contracción muscular continúa sin nuestro control, y la otra excepción son los músculos de la cadena de huesecillos del oído, que son involuntarios.

El músculo liso, que mayoritariamente controla el movimiento de las vísceras, y el músculo cardíaco se contraen de forma involuntaria y, por tanto, no podemos ejercer un control consciente sobre ellos.

¿En qué se diferencian los músculos de Usain Bolt y los de Michael Phelps?

Tenemos diferentes tipos de fibras musculares esqueléticas que presentan distintas propiedades mecánicas y contráctiles, y que requieren diferentes niveles de oxígeno para generar la contracción. Se clasifican en **fibras rojas, blancas o intermedias**, según su composición y el tiempo que tardan en desarrollar su pico máximo de tensión.

El campeón Phelps, uno de los mejores nadadores de la historia con el récord de medallas olímpicas de oro, tiene fundamentalmente **fibras rojas o de contracción lenta (tipo I)**. Estas fibras requieren oxígeno para su contracción, de ahí que sean ricas en capilares que llevan sangre, así como en mitocondrias que realizan la respiración celular aeróbica. También contienen mioglobina, una proteína que almacena oxígeno necesario para la contracción. Tanto las mitocondrias como los capilares y la mioglobina confieren a estas fibras su característico color rojo. Su contracción es lenta y sostenida, pero increíblemente resistente a la fatiga, de ahí que predomine en deportistas que realizan carreras de fondo, maratones, ciclismo o natación, entre otros.

Por su parte, nuestro amigo Bolt tiene fundamentalmente **fibras blancas o de contracción rápida (tipo IIb)**, lo que le permite ser el mejor velocista. A diferencia de las fibras rojas, las blancas son fibras de metabolismo anaeróbico, es decir, se contraen sin necesidad de oxígeno y obtienen energía de la glucólisis. Tienen pocos capilares, mitocondrias y mioglobina, de ahí su color blanquecino. Sin embargo, presentan un mayor diámetro y más miofibrillas, con lo que generan más fuerza. Son muy rápidas, pero muy sensibles a la fatiga. Aparecen en deportistas de ejercicios explosivos y de duración corta, como las pruebas de velocidad.

También tenemos fibras de composición **intermedia (tipo IIa)**, que aúnan las características de los tipos I y IIb: presentan una tonalidad rosácea por sus grandes cantidades de mioglobina, capilares y mitocondrias, pero al mismo tiempo son capaces de contraerse a rápida velocidad, con una resistencia a la fatiga moderadamente alta. Aquí tenemos a nuestro aguerrido tenista Rafa Nadal, uno de los mejores de toda la historia, que combina los movimientos rápidos, precisos y fuertes de sus golpes de raqueta con una resistencia a la fatiga considerable para aguantar las largas horas de partido.

¡No desesperes, tú puedes ser como ellos! De hecho, el tipo de ejercicios que realizas es lo que modificará la composición de tus músculos. Si te pones a entrenar triatlones, empezarás a tener más fibras rojas, mientras que si te van los *sprints* o carreras de 100 metros lisos, las fibras blancas empezarán a predominar.

Gran parte de los músculos de nuestro cuerpo son una mezcla de los 3 tipos de fibras musculares. Sin embargo, tenemos algunos músculos en que la mayoría de las fibras son de un tipo, debido a la función que realizan. Por ejemplo, el sóleo ubicado en la parte trasera de la pantorrilla debe soportar largas horas de pie o caminando, con lo que tiene fundamentalmente fibras rojas. El cuádriceps es un músculo que activamos poco, pero cuando lo hacemos, necesitamos su máxima potencia, con lo que predominan las fibras blancas.

La composición también determina **cómo responden los músculos** a los entrenamientos y las repeticiones **antes de fatigarse.** Así que ya sabes, si quieres darle al sóleo, ponle repeticiones sin mucho peso, y si quieres darle al cuádriceps, mejor haz pocas repeticiones pero con una intensidad máxima. ¡Ahora que sabes esto, seguro que puedes enfocarte en un buen entrenamiento que te lleve al bienestar!

¿Por qué se acelera el corazón cuando ves a la persona que te gusta?

Tu músculo cardíaco late unas 100.000 veces al día, de forma involuntaria y rítmica. De hecho, este número se incrementa notablemente si has hecho ejercicio intenso o has visto a tu *crush*. Con cada latido, el corazón eyecta a la aorta la cantidad de sangre necesaria para que los distintos órganos del cuerpo reciban todos sus nutrientes. De hecho, la aurícula y el ventrículo de tu corazón propulsan cada minuto todo tu volumen sanguíneo (unos 5 litros), y la potencia de eyección de los ventrículos es tal que si el corazón fuese una fuente, la sangre alcanzaría unos 10 metros de altura.

Estructuralmente, el músculo cardíaco difiere del músculo esquelético en su capacidad de autoencendido y en que sus células **(cardiomiocitos o miocitos)** están firmemente conectadas entre sí a través de unas estructuras, llamadas «discos intercalares», que permiten la conducción del impulso nervioso de forma rápida y eficaz. El latido cardíaco se inicia, se regula y se coordina localmente en unas fibras cardíacas especiales, llamadas **«fibras de conducción»**, que se organizan en nódulos. El **nódulo sinusal**, localizado en la cavidad superior derecha del corazón, inicia el impulso (unas 60-90 veces por minuto) y, a continuación, unas fibras de conducción, llamadas **«fibras de Purkinje»** transmiten con rapidez el impulso contráctil a las diversas partes del miocardio en una secuencia precisa y observable a través del electrocardiograma. Cada uno de los tramos del electrocardiograma corresponde al impulso eléctrico que viaja por las diferentes áreas del corazón.

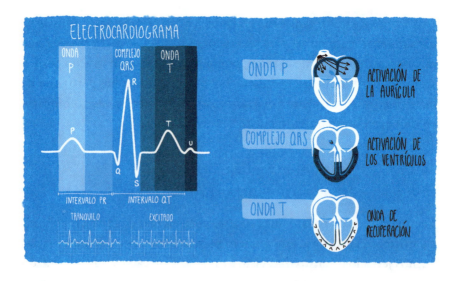

El latido del músculo cardíaco se observa tanto en células musculares cardíacas embrionarias, a partir de la cuarta semana, como en células cardíacas cultivadas en placas de laboratorio. Los bebés tienen una frecuencia cardíaca basal más elevada, de 100 a 190 pulsaciones por minuto, ya que sus cardiomiocitos son más pequeños y aún no están organizados como en el adulto, con lo que la capacidad de contracción del corazón es menor. Curiosamente, cuanto menor tamaño tiene un animal, mayor es su frecuencia cardíaca, y viceversa. Por ejemplo, el corazón de la ballena azul, el animal más grande del planeta, mide lo mismo que un adulto de pie (más de metro y medio) y es capaz de bombear hasta 220 litros de sangre en cada latido. ¡Una auténtica bomba submarina!

Aunque nuestro corazón tiene una frecuencia cardíaca constante en condiciones basales (60-90 latidos por minuto), determinados estímulos pueden modificarla. Tanto el sistema endocrino como el nervioso modulan su actividad. Así, las fibras del sistema nervioso simpático lo aceleran, mientras que el parasimpático lo enlentece. Ambos sistemas actúan en contraposición para activarte frente una amenaza o relajarte. ¡Que se lo digan a la gacela que debe salir corriendo ante el león acechante!

Cuando ves a la persona que te gusta, o incluso cuando piensas en ella, el cerebro envía a todo el cuerpo endorfinas (dopamina, serotonina, etc.) y otras hormonas, como adrenalina y noradrenalina (hormonas típicas del sistema nervioso simpático). Estas hormonas hacen que tu corazón lata hasta 3 veces más rápido de lo normal. La sangre se desvía de tu estómago —de ahí las posibles mariposas— y se va a otros lugares como las mejillas —de ahí la cara sonrojada—. Esto puede acompañarse de otras manifestaciones, debidas a estas mismas hormonas: sudoración, temblores en manos o pies, y sensación de alerta y bienestar. Cuando te gusta alguien, también te sientes feliz y lleno de energía. De hecho, se dice que si llevas a tu cita a hacer ejercicio (cuanto más intenso mejor) o algún tipo de actividad que aumente los neurotransmisores del placer y de recompensa, como un parque de atracciones o un concierto, podrías hacer que se potencie el efecto de bienestar y felicidad del enamoramiento (o incluso se mimetice), al liberarse el mismo tipo de sustancias que cuando estás enamorado.

El movimiento y la actividad física generan un aumento de la frecuencia cardíaca debido a la mayor demanda muscular de oxígeno. Se ha visto que incluso antes de iniciar el ejercicio, nuestro cerebro se prepara para actuar: se libera adrenalina y noradrenalina, además de otros mediadores químicos como la testosterona y el cortisol, hormonas que te predisponen a la acción.

- LAS RANAS Y LAGARTOS TIENEN 3 CÁMARAS
- LOS PÁJAROS Y MAMÍFEROS TIENEN 4 CÁMARAS
- LOS PULPOS TIENEN 3 CORAZONES
- LOS PERROS TIENEN UNA RELACIÓN MAYOR ENTRE CORAZÓN Y MASA CORPORAL QUE CUALQUIER OTRO MAMÍFERO
- EL CORAZÓN DE LA SERPIENTE PITÓN SE HACE MÁS GRANDE DURANTE LAS COMIDAS

Del mismo modo que el ejercicio aeróbico y estar enamorado aumentan las demandas del corazón, los órganos genitales congestionados también requieren un aumento del flujo sanguíneo, lo cual es un requisito para un buen orgasmo. ¡Que se lo digan a las personas que recibían tratamiento con sildenafilo (Viagra) para la insuficiencia coronaria y, de repente, empezaron a tener **el sexo de su vida**! El laboratorio que lo estaba testando no esperaba que una medicación que logra la vasodilatación de los vasos sanguíneos cardíacos también consiguiera la vasodilatación de los vasos de los cuerpos cavernosos del pene, ¡logrando erecciones de horas! Ahora se sabe que tener orgasmos 3 veces a la semana disminuye un 50 por ciento el riesgo de padecer enfermedades cardiovasculares, además de aumentar tu atractivo.

Otra variable que modifica la frecuencia cardíaca es el volumen sanguíneo. Cuando acabas de donar sangre o te sientes deshidratado (bien por no beber o por la toma de diuréticos), unos receptores sensibles a la presión arterial detectan esta disminución del volumen sanguíneo y empiezan a hacer latir el corazón más rápido con el objetivo de compensar esta pérdida de volumen plasmático. Incluso nuestros riñones detectan esta disminución de la presión arterial y generan en consecuencia una cascada hormonal (renina-angiotensina-aldosterona) que lleva al aumento de la presión arterial y la frecuencia cardíaca.

Así que no tengas el corazón en un puño, aunque el corazón humano tenga precisamente ese tamaño. Relájate y déjalo todo en manos de los mecanismos de compensación del equilibrio de tu cuerpo, conocidos como homeostasis. ¡Larga vida a la reina de la adaptación!

¿Por qué se dilatan las pupilas cuando veo mi comida favorita?

Aunque tienes un poder inconmensurable sobre tu cuerpo, hay muchos músculos que eres incapaz de controlar, ya que se encuentran bajo un control nervioso involuntario, como el músculo liso o el cardíaco. El **músculo liso** carece de estriaciones y su contracción es involuntaria, la cual puede desencadenarse por una variedad de estímulos que incluyen:

estímulos mecánicos, como un estiramiento pasivo debido a la llegada del bolo alimenticio, estímulos eléctricos nerviosos o estímulos químicos hormonales.

Ahora mismo tus intestinos están propulsando los restos de tu comida en dirección rectal; los músculos de los vasos sanguíneos controlan el flujo de sangre que entra en tus órganos y que se distribuye por todo el cuerpo; el músculo de tus pupilas se acomoda a la cantidad de luz que llega a tus ojos. También puede que tu vejiga esté almacenando orina, o que tu útero se esté descamando durante la menstruación. ¡Todas estas estructuras contienen músculo liso en sus paredes, y su contracción lenta y sostenida mantiene tu fisiología en un equilibrio indescriptible!

La **pupila** es un pequeño orificio ocular que regula el paso de luz en el interior del ojo hasta la **retina**, gracias a la contracción o dilatación del **iris**, compuesto por fibras musculares lisas. Dosifica la cantidad de energía lumínica que llega a la retina, actuando como el diafragma de una cámara de fotos. La dilatación de las pupilas ocurre cuando hay poca luz en el ambiente; así entra más luz en el ojo para producir una imagen.

Nuestros ojos son las ventanas de nuestra alma, y mirando atentamente **las pupilas** de alguien puedes averiguar **qué tiene en mente**. Las pupilas se dilatan cuando algo nos parece tremendamente atractivo o apetecible, mientras que se contraen cuando algo nos pone tristes o nos desagrada. No es casualidad que los restaurantes más románticos mantengan una iluminación tenue, lo que hace a sus comensales más atractivos y predispuestos para el juego de la seducción.

Las pupilas dilatadas han sido un símbolo de belleza a lo largo de la historia. En las fiestas venecianas del siglo XVI, las cortesanas consumían *Atropa belladonna*, una planta que induce la dilatación pupilar gracias a la presencia de atropina. Lo que no tenían en cuenta es que con la dilatación excesiva de la pupila, la visión puede ser borrosa, con lo que más de una cortesana caería bien rendida a los pies de algún mozo poco agraciado o bien ¡directamente al agua de los canales!

Además del nivel de dilatación pupilar, hay otro dato en tu mirada que delata lo que piensas: **el parpadeo**. El número de veces por minuto que se parpadea se relaciona con la tranquilidad o el nerviosismo. Si se parpadea mucho, es símbolo de estrés y nerviosismo, y cuanto menos se parpadea, más tranquilo estás. ¡Qué delatores estos músculos involuntarios!

¿Puede repararse un corazón partido?

A todos nos han roto o partido el corazón alguna vez por un desengaño amoroso o una pérdida emocional. Aunque la frase puede sonar coloquial y fantasiosa, porque el corazón no se divide literalmente en dos, sí que existe una condición física real que recibe el nombre de «síndrome del corazón roto» o «miocardiopatía de Takotsubo». Se trata de una lesión localizada en el corazón, normalmente en el ventrículo, que daña de forma temporal a los cardiomiocitos, lo que se refleja en una alteración de la función cardíaca observable a través de varios parámetros clínicos.

Las células musculares presentan diferencias en cuanto a su capacidad de división y, por tanto, en su capacidad de reparar tejidos. Las células del **músculo esquelético** no se reparan, es decir, cuando las fibras musculares de tu cuádriceps se destruyen, **las existentes toman el relevo**, produciendo más proteínas y agrandando su tamaño. Sin embargo, las células del **músculo liso** que rodean tu útero, por ejemplo, sí que se dividen con facilidad y su **recambio es frecuente**.

Respecto al músculo cardíaco existía controversia. Antes se creía que las células musculares cardíacas destruidas no podían reemplazarse por células musculares nuevas. Sin embargo, los estudios recientes con corazones extraídos de pacientes que recibieron trasplantes han detectado núcleos en proceso de mitosis o división celular, aunque en una proporción muy baja (0,1 por ciento). Estos hallazgos indican que las **células cardíacas** dañadas poseen el **potencial de ser reemplazadas**.

Además, se ha observado un fenómeno extraordinario de reparación del corazón en mujeres embarazadas. Resulta que las células madre pluripotentes del feto y de la placenta viajan por el torrente sanguíneo de la madre y migran a tejidos que necesitan ser reparados, como el corazón. Una vez allí, estas células se reprograman y se convierten en células cardíacas capaces de suplir a las dañadas.

Sorprendentemente, los científicos han identificado células de sexo masculino (con cromosomas XY) tanto en el cerebro como en el corazón de mamás (con cromosomas XX) que habían estado embarazadas de niños, lo que les ha llevado a pensar que estas células madre del embrión en desarrollo viajan por el torrente sanguíneo y se asientan allí donde encuentran la necesidad de reparar algún tejido (**microquimerismo fetal**). De hecho, se ha documentado la presencia de células madre fetales en el hígado, en el riñón e incluso en la médula ósea de la mamá, lo cual abre la puerta al estudio del tratamiento de enfermedades de estos órganos. Ya sabíamos que los bebés traen un pan bajo el brazo, pero lo del plan de regeneración celular completa para la mamá ¡es absolutamente mágico!

✳ 9 ✳

¿Tu media naranja?
Autonomía completa: nervios

¡Tienes electricidad en tu cuerpo! Cada segundo pasan millones de corrientes eléctricas por tus nervios y músculos. ¡No necesitas conectarte a ninguna corriente, ni recargar las baterías! Tus células disparan corrientes eléctricas ante la señal adecuada. ¡Flipante!

Y no solo eso. Tus cables también tienen un material aislante, que permite una conducción superrápida y eficiente de hasta 100 metros por segundo. Y tú pensando que te falta una media naranja que te dé el chute de zumo que necesitas... ¡Ya te digo yo que estás programado para tener autonomía completa!

Puedes ejercer un control voluntario sobre tu cuerpo, a la vez que puedes dejarlo en modo automático: te acelera y te frena sin que te enteres. ¡Te estoy hablando de tu sistema nervioso! Sí, ¡esa red de cables que conecta todo tu cuerpo y te permite responder al ambiente para nutrirte, relacionarte y reproducirte!

El tejido nervioso se compone de dos tipos de células: las **neuronas,** que tienen capacidad para generar y transmitir impulsos nerviosos, y las **células de sostén o glía**.

Las neuronas se especializan en originar señales eléctricas que se transmiten a las glándulas y los músculos (**neuronas motoras**), pero también en procesar impulsos nerviosos que vienen de estas estructuras (**neuronas sensitivas**). También hay **interneuronas** que conectan un tipo de neuronas con las otras.

¿Cómo actúa una neurona?

Las neuronas son como un árbol en las que se pueden distinguir 3 partes diferenciadas:

* El cuerpo o **soma** de una neurona contiene el núcleo y aquellos orgánulos que mantienen a la célula. El soma sería equivalente a la copa del árbol.

* La mayor parte de las neuronas posee un solo **axón**, que suele ser la prolongación más larga que se extiende desde la célula y que transmite impulsos (emisor) desde la célula hasta una terminación especializada (**sinapsis**). La sinapsis contiene un pequeño espacio, llamado «hendidura sináptica», en el que se liberan unas sustancias químicas llamadas **neurotransmisores**, y que actúan sobre otra neurona o sobre una célula efectora. Los axones de las neuronas viajan a las diferentes partes del cuerpo recogidos a modo de manojo en los **nervios**. El axón sería equivalente al tronco del árbol con sus raíces (la sinapsis).

* Una neurona suele contener muchas **dendritas**, que son unas proyecciones numerosas y cortas que se encargan de recibir impulsos desde la periferia (es decir, desde otras neuronas) hacia el soma (receptoras). Las dendritas serían las ramas del árbol.

El tejido nervioso también contiene células que no transmiten impulsos nerviosos, las **células gliales**. Estas no solo se encargan de proteger a las neuronas, sino que producen una capa aislante —la vaina de mielina— que las aísla, eliminan los productos de desecho y contribuyen al aislamiento del sistema nervioso central mediante la barrera hematoencefálica. Este aislamiento se ve reforzado por una serie de capas fibrosas y resistentes, las **meninges**, que encapsulan al sistema nervioso central y lo protegen de golpes junto con el **líquido cefalorraquídeo**. Además, este último también mantiene la presión interna estable, nutre a las células y puede transportar hormonas y residuos.

Desde el punto de vista anatómico, el sistema nervioso se divide en **sistema nervioso central** (SNC) y **sistema nervioso periférico** (SNP). El SNC comprende el encéfalo y la médula espinal, que están protegidos por el cráneo y la columna vertebral, respectivamente. El SNP comprende todos los nervios que se proyectan fuera de estas estructuras. Los clasificamos en nervios craneales o espinales, según si parten del cerebro o de la médula espinal.

Los **nervios espinales** están constituidos por 31 pares de nervios mixtos que contienen fibras tanto sensoriales como motoras. Desempeñan un papel muy importante en las acciones reflejas, al protegernos de los estímulos peligrosos, así como en la sensación muscular, el movimiento y la secreción de sudor.

Los **nervios craneales**, sin embargo, pueden clasificarse en función de si son nervios motores, sensoriales o mixtos. Además, se nombran de acuerdo a su posición de salida en el cráneo, siendo el 1 el más cercano al cerebro y el 12 el más alejado. Las ramas de todos estos nervios participan en muchas funciones como la audición, el sentido del gusto, la visión, el olfato y los movimientos oculares, entre otras.

De hecho, es curioso que la mayor parte de las fibras nerviosas se cruzan hacia el lado contrario del cuerpo, lo que significa que el movimiento de tu pierna derecha lo controlan las neuronas de tu hemisferio izquierdo. Este sistema de cruce de las vías nerviosas motoras podría tener una ventaja evolutiva, ya que las imágenes de nuestro entorno también son percibidas en el lado opuesto del cerebro, lo que hace más sencillo iniciar una respuesta en la misma zona cerebral. La imagen de un depredador que se acerca por la derecha se proyecta en el hemisferio izquierdo, con lo que la respuesta muscular de huida o esquivación es más rápida y eficiente si se inicia en el lado de la amenaza, el izquierdo, y se transmite rápidamente a los músculos del lado derecho.

¿Puede una neurona medir 1,5 metros?

Sí, las neuronas son las células más largas de tu organismo. Las neuronas motoras alojan sus cuerpos neuronales en la médula espinal y sus axones llegan hasta la punta del dedo gordo del pie, donde inervan los músculos que te permiten moverlo. Esta distancia puede ser larguísima, hasta 1,5 metros, dependiendo de tu altura. Por tanto, la neurona gana en longitud, seguida de fibras musculares como las de tus muslos, que también pueden llegar a ser muy largas (60 centímetros).

En cambio, en cuestión de diámetros, los óvulos son las células más grandes con sus 0,14 milímetros. Después de los óvulos irían los adipocitos, las células del tejido adiposo. Les seguirían los megacariocitos, que están principalmente en la médula ósea roja y son los responsables de producir las plaquetas que ayudarán a cerrar tus heridas.

Las células más pequeñas serían los espermatozoides, seguidos de los glóbulos rojos, los cuales necesitan ser muy pequeños y flexibles para poder llevar oxígeno a las zonas más recónditas de tu cuerpo.

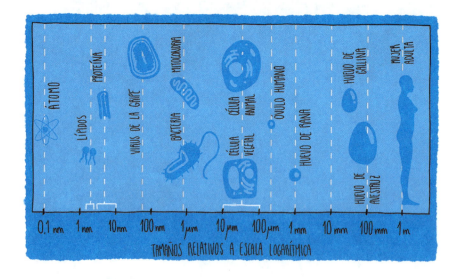

ÁTOMO
LÍPIDOS
PROTEÍNA
VIRUS DE LA GRIPE
BACTERIA
MITOCONDRIA
CÉLULA VEGETAL
CÉLULA ANIMAL
ÓVULO HUMANO
HUEVO DE RANA
HUEVO DE GALLINA
HUEVO DE AVESTRUZ
MUJER ADULTA

0,1 nm   1 nm   10 nm   100 nm   1 μm   10 μm   100 μm   1 mm   10 mm   100 mm   1 m

TAMAÑOS RELATIVOS A ESCALA LOGARÍTMICA

¿Por qué las operaciones de cerebro se hacen sin anestesia?

El **dolor** es un gran maestro e imprescindible para la vida. Es una señal fisiológica de alarma detectada por los receptores del dolor (nociceptores) que informa a nuestro sistema nervioso sobre las amenazas que acechan a nuestros tejidos. Sin dolor, continuaríamos caminando con una pierna rota.

La percepción del dolor es muy subjetiva e incluso diferentes estados de ánimo pueden modularla. Evolutivamente, esta modulación se desarrolló para poder salir victoriosos en las luchas a vida o muerte de nuestros antepasados, cuando por ejemplo se enfrentaban a una fiera para sobrevivir. El combate con el consiguiente estrés provocaba que incluso con heridas y fracturas, no se sintiera dolor y el guerrero no abandonara, ya que su retirada le podría conducir a la muerte. Sin embargo, cuando el estímulo amenazante desaparece, la herida necesita curarse y el dolor aumenta, es decir, hay una sensibilización. Lo mismo ocurre ahora cuando te caes de la bicicleta o tienes un accidente, todo duele más después del shock inicial.

El cerebro es el único órgano del cuerpo sin receptores de dolor. Resulta paradójico, ya que es precisamente el cerebro el encargado de procesar las señales de dolor de todas las demás partes del cuerpo. La neurocirugía con el paciente despierto es un tipo de procedimiento que se realiza en el cerebro mientras el paciente está consciente, sobre todo en casos de tumores cerebrales o crisis epilépticas.

Si el área del cerebro dañada está cerca de zonas cerebrales que controlan la vista, el movimiento o el habla, el cirujano va realizando preguntas durante el procedimiento para vigilar si el paciente responde adecuadamente. Estas áreas tan importantes son difíciles de localizar con precisión, por lo que las respuestas del paciente durante la cirugía ayudan al cirujano a asegurarse de que está tratando el área correcta del cerebro, disminuyendo así el riesgo de provocar daños en otras áreas funcionales de este.

¿Puedo actuar sin pensar?

¡Que se lo digan a tu madre, que te lo repetía todos los días de tu adolescencia!

Pues en parte tenía razón. Contamos con una parte del sistema nervioso que actúa sin mediación del cerebro, **el arco reflejo**. Estos mecanismos de respuesta rápida nos permiten responder fugazmente a un pinchazo o a un objeto ardiendo sin siquiera verlo en cuestión de segundos. Tenemos determinados nervios sensoriales que controlan directamente nervios motores de la médula espinal y sobre los que no hay ningún control cerebral.

Por ejemplo, cuando paseas por la playa descalzo y de repente pisas una concha rota o un objeto punzante, tu pie se retira antes de que tu cerebro se dé cuenta. De hecho, cuando tu cerebro reacciona, ya te has pinchado y estás sintiendo el dolor o maldiciendo. ¡De cuántos peligros te han salvado tus arcos reflejos!

Otra historia es que consumas alcohol, y la consiguiente inhibición de la corteza prefrontal te lleve a cometer más de una tontería sin pensar en las consecuencias.

¿Por qué cantar o tararear canciones me relaja?

¡No subestimes el poder de cantar en la ducha o en el coche, paseando, corriendo o en un coro! Cantar o hacer vibrar la caja torácica con algún sonido, música o baile tiene enormes beneficios para la salud. Y esto lo saben hasta las filosofías más antiguas, pero ahora te cuento por qué.

Desde nuestro cráneo y nuestra columna vertebral se proyectan los nervios que van hacia todas las partes del cuerpo, llevando tanto fibras motoras, que encienden músculos o glándulas, como fibras sensitivas, que perciben la posición, el movimiento, la temperatura, el estiramiento, etc. Entre los 12 nervios craneales existe uno, el número 10, más conocido como **nervio vago**, que desempeña un papel importantísimo en nuestro bienestar. Recibe ese nombre precisamente porque es el encargado de numerosas funciones involuntarias que realizas sin darte cuenta en «modo vago». Imagínate si a cada momento tuvieras que ordenar a nuestros pulmones que respiren, a nuestros intestinos que propulsen, o a nuestro corazón que bombee.

Es uno de los nervios más largos, y se encarga de conectar directamente el cerebro con diversos órganos vitales, como corazón, pulmón, páncreas, hígado o intestino. Empieza en el cráneo y desciende por el pecho, entre el corazón y los pulmones, pasando por el diafragma, hasta llegar al abdomen. Allí inerva todos los órganos intestinales y conecta el sistema nervioso entérico o intestinal al cerebro en un flujo bidireccional.

Muchas de sus acciones van encaminadas a favorecer la calma y el reposo del organismo, siendo uno de los principales efectores del **sistema parasimpático**. Entre sus múltiples efectos figuran estos: reduce la frecuencia cardíaca y la presión arterial, facilita las secreciones y la motilidad gástrica e intestinal, además de relajar los esfínteres, favoreciendo la expulsión de orina o heces. También regula la tiroides y la secreción de insulina por parte del páncreas.

Además, su principal neurotransmisor es la acetilcolina (ACh), un potente antiinflamatorio para el cuerpo, con lo que su activación

disminuirá los niveles de inflamación corporal, previniendo enfermedades como el alzhéimer, la artritis, el asma, el cáncer, la enfermedad de
Crohn, la diabetes, la enfermedad coronaria y cardiovascular, la hipertensión o cualquier trastorno que termine en el sufijo -*itis*.

Conocer su fisiología y su funcionamiento nos permitirá usar esta
línea telefónica directa para llamar a nuestro cerebro en busca de calma
y bienestar. Dado que este nervio contiene fibras sensitivas en los órganos que hemos mencionado, vamos a ofrecerle experiencias que
aumenten su actividad sensorial:

1. **Respira lenta y pausadamente**, movilizando el diafragma y
   las estructuras locales. Cuando estés especialmente nervioso
   ante un examen, una entrevista de trabajo o una cita, sopla lentamente sobre tu pulgar; es una forma de olvidarte del estímulo
   estresante y de regular la respiración de una forma lenta y pau-
   sada.

2. **Repite algún mantra**. Por ejemplo, el que te propongo al principio del libro: «¡Qué maravilloso! ¡Qué bien funciona! ¡Qué perfección de cuerpo tengo!». No solo te ayuda a la estimulación
   vagal, sino que refuerza los pensamientos positivos de agradecimiento hacia tu cuerpo. Y si lo recitas cantando y unas cuantas
   veces al día, su poder será astronómico, ya que la vibración de la
   caja torácica magnifica su efecto.

3. **Come saludablemente**. Ingiere mucha fruta y verdura, además de probióticos. Si las bacterias de tu intestino son felices, tu
   sistema nervioso entérico (el segundo cerebro que tenemos alo-
   jado en el intestino) produce sustancias que, al ser detectadas por
   el vago, informan al cerebro de tu estado de bienestar intestinal:
   serotonina y dopamina a tope. ¡Dale motivos a ese vago para re-
   sonar!

4. **Ama con intensidad y abraza** a los tuyos. La liberación de oxitocina con cada abrazo no solo reconforta el cuerpo, sino que activa el nervio vago y la sensación de calma y bienestar.

5. **Ríete**. Al hacerlo, no solo movilizas el aparato respiratorio, sino

que oxigenas el cerebro y te recargas de hormonas positivas y de relax. Además, el simple hecho de hacerlo, aunque forzadamente, también informa al cerebro para que active vías de bienestar.

6. **Estírate o realiza ejercicio cardiovascular**. Tanto los cambios posturales y de ritmos de respiración como la activación de la función cardíaca redundan en un posterior relax y activación vagal compensatoria.

7. **Apaga tu cerebro de vez en cuando**. Centra tu atención en el presente y en los estímulos que recibes de tus sentidos: la temperatura del aire en tu cara, el olor y los sonidos del ambiente, la presión de tus pies sobre el suelo al caminar, etc.

Viendo todos estos factores, queda muy clara la importancia de un correcto funcionamiento del nervio vago. ¡Así que ponte ya a vaguear!

¿Por qué el cerebro humano nos distingue de otras especies?

¿Se puede vivir sin cerebro? Sí, y tenemos prueba de ello, ya que existe un único animal pluricelular que carece de sistema nervioso: la esponja marina, si bien es verdad que tampoco tiene boca, ni sistema digestivo. Básicamente, las esponjas marinas se alimentan del agua que filtran los poros de sus células, siendo los únicos animales cuya digestión es intracelular e independiente para cada célula individual del organismo. Son seres simples pero en evolución, ya que hoy en día existen más de 9.000 especies de poríferos sujetas a las rocas, a la arena o al lodo en ecosistemas marinos.

Quizás la clave para desarrollar un sistema nervioso que permita relacionarnos con el entorno está en ser animales que realicen movimiento y que cambien de posición. Si así es, percibir el entorno de forma dinámica y reaccionar ante él requiere de neuronas. ¡Que se lo digan al pulpo con un cerebro en cada tentáculo!

El pulpo, no solo tiene 3 corazones, sino que además alberga 9 cerebros, uno principal y 8 secundarios en cada tentáculo. El pulpo, como especie, es considerado el más inteligente de los animales invertebrados. Además, está dotado de una gran memoria, de una gran habilidad para ocultarse de los depredadores, distinguir tonos y formas, así como para escapar de laberintos. ¿Te suena el pulpo *Paul*? Se convirtió en una fuente de sabiduría y aciertos en sus predicciones de la Copa del Mundo en 2010. ¡Incluso predijo la victoria de España en ese mundial!

Sin embargo, muchos animales tienen cerebros que cuadruplican el tamaño del nuestro (elefantes, ballenas, etc.), y a pesar de ello no se preguntan el porqué de su existencia, ni saben cómo curar enfermedades, llevar un coche o cocinar los alimentos. En algún momento de la evolución, el *Homo sapiens*, de forma azarosa o no, consiguió hacer y mantener el fuego, una de las piezas clave para la evolución.

Somos los únicos animales que cocinamos los alimentos, lo que equivale a predigerirlos fuera del cuerpo, rompiéndolos ya en sus unidades más simples. Esto permite que gran parte del esfuerzo, tiempo, energía y flujo sanguíneo destinados a la digestión de los alimentos se emplee en realizar tareas más útiles, como descubrir la rueda o construir cabañas más resistentes a las tormentas. Todos estos estímulos y acciones retroalimentan, a su vez, las conexiones neuronales y la capacidad del cerebro para desarrollarse, lo cual hace que el cerebro tenga **más plasticidad** y **más capacidad de adaptarse** al ambiente. Esto lleva al desarrollo de una corteza prefrontal de una complejidad inigualable, así como a los primeros indicios de la «cultura humana».

En este sentido, los neurocientíficos sugieren que la neuroplasticidad de nuestro cerebro es una de las claves de la supremacía de nuestra especie. Al realizar experimentos comparando imágenes de resonancia magnética de cerebros humanos y de chimpancés, observaron que, en los chimpancés, la organización y el tamaño del cerebro depende en gran medida de los genes, mientras que en los humanos no sucede así. El cerebro humano es altamente moldeable al ambiente, siendo el más capaz de adaptarse a las condiciones cambiantes del medio. Ya lo dijo

Darwin en su teoría de la selección natural: ni el más inteligente ni el más fuerte, sobrevive el que mejor se adapta. Así que el fuego y la herencia genética suponen dos factores clave. ¡Qué suertudos somos!

Por ese mismo motivo hay que estimular a los bebés con diferentes tipos de estímulos, como caricias, sonidos, olores, colores, etc., que ayuden a consolidar conexiones y redes neuronales que permitan todo su desarrollo potencial.

TERCERA PARTE

SOMOS *lo que* COMEMOS: NUTRICIÓN

Lo que comes desempeña un papel decisivo en lo que eres; de ahí la importancia de la nutrición. Naces con un manual de instrucciones escrito en tu ADN, pero eres tú con tus hábitos quien pone las comas, los acentos y los puntos sobre las íes.

«Si el hombre supiera realmente el valor que tiene, la mujer andaría a cuatro patas en su búsqueda.» «Si el hombre supiera realmente el valor que tiene la mujer, andaría a cuatro patas en su búsqueda.» Pequeñitas pero importantes, las comas determinan la diferencia entre ser el valorado o el que valora.

Al igual que las comas, lo que comas puede definir tu capacidad de reinar. Las larvas de abeja se alimentan de jalea real, una sustancia muy rica en proteínas y nutrientes que producen las abejas obreras. Todas las abejas nacen iguales. Sin embargo, solo las larvas que ingieren jalea real durante más tiempo se convierten en reinas porque desarrollan ovarios funcionales. Las que se alimentan durante períodos cortos acaban siendo abejas obreras. Mientras una abeja reina puede llegar a vivir 5 años, la esperanza de vida de una abeja obrera es de 30 a 45 días.

En el caso de los escarabajos macho, su alimentación determina la longitud de los cuernos. Estos animales se alimentan de estiércol, así como de animales y plantas muertas. Si durante su desarrollo ingieren poca calidad y cantidad de estiércol, desarrollan unos cuernos cortos. Las hembras prefieren aparearse con escarabajos de cuernos largos, con lo que este rasgo determina su éxito reproductivo.

Alimentarnos, un hábito que realizamos varias veces al día todos los días de nuestra vida, modifica lo que somos, cómo nos sentimos, cómo nos comportamos y hasta cuánto viviremos. Su importancia es infinita. Hoy sabemos que todo esto se explica científicamente a través de la **epigenética**, unas marcas o modificaciones que se colocan sobre el ADN y que cambian los patrones de expresión de los genes, al igual que los signos de puntuación cambian el significado de las oraciones. Tienes una gran responsabilidad, porque tú decides lo que comes, pero también mucha suerte, porque a pesar de tu legado genético, tú, como capitán de tu barco, puedes dirigirlo hacia el puerto del bienestar.

Tanto la juventud como la belleza son un regalo resultado de una recombinación aleatoria de genes. Sin embargo, vivir muchos años sano y relativamente sin achaques requiere esfuerzo y voluntad. ¡Es absolutamente admirable! No es casualidad que se den premios a los más longevos de cada región, un reconocimiento a auténticas obras de arte de la fisiología.

Además, los alimentos no están exentos de emociones. ¿Quién no se pone supercontento después de comerse una tarta de chocolate? Una felicidad tan efímera que solo las mentes más conscientes y determinadas son capaces de evitar por las posibles consecuencias que pueda traer. En este sentido, hay numerosas frases que expresan sentimientos ligados al sistema digestivo: sientes mariposas en el estómago, te tragas el orgullo, te cagas de miedo, o incluso hay personas o situaciones que te dejan un mal sabor de boca.

Ante este panorama, y sin necesidad de hacer de tripas corazón, vamos a descubrir el fascinante mundo que rodea al sistema digestivo, **nuestro segundo cerebro**, y que permite transformar los alimentos en bloques de construcción y energía para nuestro cuerpo. Nos oxigenaremos con el **aparato respiratorio** necesario para el intercambio de gases de la respiración celular. Recorreremos los miles de kilómetros de nuestro **aparato circulatorio**, que distribuye los nutrientes por todo el cuerpo para que lleguen a las zonas más recónditas; y barreremos con profundidad el **aparato excretor**, que elimina los productos de desecho del metabolismo y de la actividad celular.

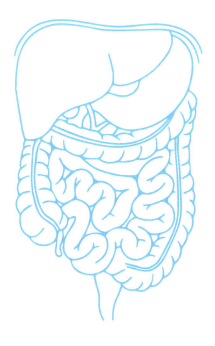

✳ 𝟙𝟘 ✳

Metabolismo lento y tenedor rápido, ¡vaya combinación!: aparato digestivo

Las navidades pasadas, entre gritos y risas de familiares, salté con un:

—¡Os pongo por testigo que este es mi último polvorón, porque ayer cuando llegué a casa me saltó un botón!

Se hizo un silencio en el que solo se oía el fuego que teníamos encendido. Recapacitamos todos, pero yo especialmente. Sabía de sobra que la abundancia de comida y azúcares no trae nada bueno, y menos para cenar.

—¡De grandes cenas están las sepulturas llenas! —Soltó mi abuela, tan conocedora del refranero español.

—Si debemos desayunar como reyes, comer como príncipes y cenar como mendigos, por algo será. Lo importante es reunirnos y compartir con alegría este día juntos.

Sentenció mi padre.

Ante esta escena, me di cuenta de que debía empezar la operación mazapán. Estos kilos de más los había ganado a pulso comiendo rápido y moviéndome bien poco. Algunos culpan al metabolismo lento, el cual puede tener un componente genético, pero lo más común es que aumentar nuestra proporción de grasa corporal se deba al estilo de vida, a la dieta y a la actividad física, entre otros factores.

¿Cómo hacen los astronautas la digestión en el espacio sin gravedad?

El sistema digestivo empieza en la boca y acaba en el ano, e incluye los siguientes elementos en dirección descendente: **boca, faringe, esófago, estómago, intestino delgado, intestino grueso y ano**. Cuenta con unas glándulas asociadas que contribuyen a la digestión y absorción final de los nutrientes, como las glándulas salivares, el hígado y el páncreas.

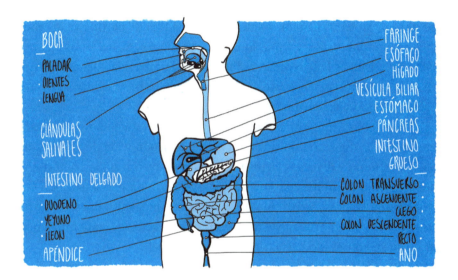

El viaje que emprende el alimento desde el tenedor hasta el retrete empieza en la boca, donde los dientes, junto con la lengua, lo bañan en saliva, lo mezclan y trituran hasta formar el **bolo alimenticio**. Masticar bien y pausadamente presenta múltiples beneficios. No solo se homogeneizan los alimentos con la saliva, sino que esto ayuda a saborearlos, facilita su posterior digestión y aumenta la sensación de saciedad.

Después de tragar, en el primer tramo del **esófago** se pierde el control consciente del bolo alimenticio, ya que es el sistema autónomo, a través del peristaltismo, un movimiento muscular ondulatorio, el que lo dirige en dirección anal. Esto explica que podamos comer boca abajo, y también que los astronautas hagan la digestión en el espacio, aunque no haya gravedad.

Antes de entrar en el **estómago**, esta masa pastosa de comida pasa por el esfínter del cardias, una compuerta en forma de anillo muscular que normalmente está cerrada para evitar la salida del contenido terriblemente acídico (pH 2-4) del estómago hacia el esófago y que se ubica al lado del corazón (de ahí su nombre). La capacidad del estómago es de 1,5 litros, pero puede variar, llegando a duplicar su tamaño si ingerimos grandes cantidades de comida. **No conviene dilatar excesivamente el estómago**, ya que este se acostumbra a un determinado nivel de distensión para mandar señales de saciedad. Si de partida ya lo tenemos «expandido», costará más llenarlo y, por tanto, tardaremos más en saciarnos. Esta es la base de la reducción de la capacidad del estómago en el tratamiento de la obesidad: o bien se cose, o bien se introduce un balón intragástrico, entre otras estrategias.

Ya en el estómago tiene lugar una digestión tanto química como mecánica. La digestión química se basa en la producción de ácido estomacal, enzimas y diversos factores que contribuyen a matar bacterias y otros gérmenes, hidrolizar los nutrientes y posibilitar la absorción de la vitamina B_{12}, respectivamente. La digestión mecánica consiste en la contracción de las tres capas de músculo del estómago, que muelen y mezclan su contenido hasta la obtención final del **quimo**.

El quimo es la masa pastosa de comida resultante de la mezcla de los alimentos triturados, el agua y los jugos gástricos. Este abandona el estómago después de 2-4 horas para pasar al **intestino delgado**, donde unas glándulas producen una secreción alcalina que neutraliza rápidamente su acidez. Es aquí donde el **hígado** vierte la bilis y el **páncreas** secreta el jugo pancreático; estas dos sustancias son las que acaban el proceso de transformar los alimentos en sus unidades básicas fundamentales. Una vez hidrolizadas, todas estas unidades más pequeñas constituyen las principales biomoléculas que son absorbidas en el intestino delgado y se usarán para construir todas las estructuras de tu cuerpo, además de la energía para mantenerte sano y en equilibrio fisiológico.

El **diseño anatómico de estas estructuras es brillante**. Todas están perfeccionadas para ejercer de forma precisa su función. Por ejemplo, el intestino delgado se pliega, se dobla y se incurva de tal forma que llega a medir unos 6-9 metros de longitud cuando está completamente estirado, y presenta una superficie de 300 m², equivalente al tamaño de una pista de tenis. De este modo, el intestino maximiza la absorción de nutrientes.

El peristaltismo conduce entonces los restos del quimo hacia el **intestino grueso**, donde las bacterias consumen los remanentes de nuestra comida (fibra indigestible) y producen compuestos de alto valor biológico, como la vitamina K, que será absorbida en este tramo junto con agua y sales minerales. Finalmente, los restos fecales se acumulan en el tramo final del colon, hasta que una vez en el **recto** —el tramo final del sistema digestivo— son expulsados por el **ano**. El reflejo de la defecación se inicia cuando las deposiciones llegan al recto.

Todo este viaje dura de 1 a 4 días y requiere de la coordinación precisa de los distintos órganos del tracto gastrointestinal a través de las hormonas y de una intrincada red de nervios que permite que estos órganos se comuniquen. El sistema nervioso del tracto gastrointestinal supera en células nerviosas a la médula espinal; de ahí que se le conozca como nuestro «**segundo cerebro**».

¿Qué hago para ir al baño sin esfuerzo?

La abuela de mi tatarabuela ya usaba este remedio casero para ir al baño. Debería patentarlo, o al menos hacer una publicación científica, porque ha funcionado siempre, generación tras generación. Ahora yo te lo desvelo en este libro, incluyendo la correspondiente explicación científica, así que toma nota.

Para activar el reflejo defecatorio, solo debes colocarte de pie erguido, con las puntas de los pies hacia afuera y los talones juntos. En esta posición haz 15 elevaciones de talones de 2 segundos de duración, apoyándote únicamente sobre las puntas de los pies. Descansa 10 segundos y luego realiza otras 15 elevaciones. Mientras haces las elevaciones, visualiza en tu mente el alimento que más active tu peristaltismo; todos tenemos uno. A mí me funciona visualizar los palitos de fibra de salvado de cereales, pero una naranja o el café también funcionan. Si a esto le sumas beber un vaso de agua en ayunas, tendrás que salir pitando en dirección al lavabo.

Este truco funciona porque muchos de los nervios y vasos linfáticos que pasan por la zona anal acaban en la zona interior de tu pantorrilla y pie. Así, al activarlos a través de la contracción muscular de la zona, se aumenta la cantidad de fluido (sangre y linfa) que va de vuelta hacia el corazón y que pasa por la zona sacra, estimulando las tripas a este nivel y movilizando el contenido fecal hacia el recto. Al visualizar la comida habitual, estimulante de este reflejo, el efecto se amplifica, ya que en este caso es el cerebro el que manda las señales nerviosas de evacuación asociadas a ese alimento en concreto.

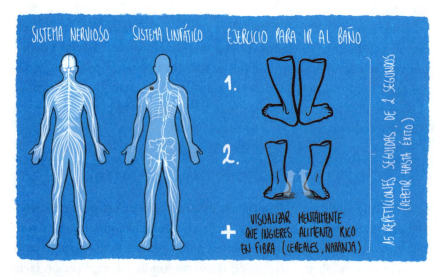

Este truco debe acompañarse de una dieta saludable rica en fibra, mucha agua y ejercicio físico. ¡El éxito está garantizado!

Ahora lo único que debes hacer para que la deposición salga suave es sentarte correctamente en el baño. El ángulo que formen nuestros muslos con el abdomen es crucial para evitar una sobrecarga o un aumento de presión en el músculo puborrectal. En estado basal, este músculo retiene las deposiciones en el recto para evitar su vaciado involuntario (incontinencia fecal), manteniendo una correcta posición anatómica entre el recto y el ano. Cuando el ángulo es de 90 grados, el músculo puborrectal está contraído, con lo que para realizar la expulsión necesitamos aumentar mucho la presión intraabdominal, lo cual va debilitando cada vez más este mecanismo de sujeción natural de las deposiciones. Sin embargo, con el cuerpo flexionado en un ángulo de 35 grados (**postura del pensador**), el músculo puborrectal se relaja, y la salida de las heces es fácil y fluida.

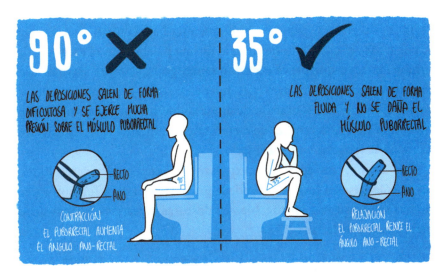

Por algo será que todos los animales se colocan naturalmente en esta postura para defecar, incluso los bebés que carecen de condicionamiento social. ¿Has escuchado a un león quejarse de estreñimiento?

¿Cómo se distingue un pedo de las ganas de defecar?

El ascensor lleno, 7 personas todas en silencio y, de repente, notas que te viene un gas, o espera, parece incluso algo más. No estás seguro, pero sea lo que sea debes esperar. Llegáis abajo después de 49 eternos segundos, fiuuu… se escapa.. ¿Te has preguntado cómo llegas a distinguir una fla-tulencia de las ganas de ir al baño?

Cuando se distienden las paredes del recto por la llegada de las de-posiciones, se activa un reflejo recto-anal inhibitorio que permite que solo pequeñas cantidades de este material entren en la ampolla anal. Esta zona está densamente poblada con neuronas que distinguen entre materia sólida (heces) o gaseosa (pedos) y que mandan está información hacia el sistema nervioso central, donde a nivel cortical se ejecuta una respuesta de inhibición o de permiso en función de dónde y con quién nos encontremos.

El **esfínter anal externo** es el que está bajo control **voluntario** y, por tanto, el que tiene siempre la última palabra. En el ascensor, la inhibición tuvo que prevalecer. Sin embargo, si siempre estamos aca-llando nuestros reflejos naturales, puede que estos lleguen a silenciarse, estableciéndose una sensación de dolor abdominal por gases o, incluso peor, una situación crónica de estreñimiento. Intenta solo reprimirlos cuando sea estrictamente necesario.

Por último, cuando quieras expulsar forzosamente los gases, lo me-jor es colocarse en posturas donde la gravedad ejerza su función y per-mita la salida natural del aire, bien en posturas invertidas, boca abajo, o en la postura de la rana.

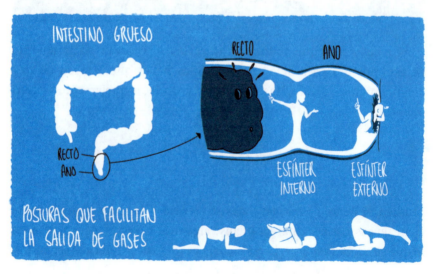

¿Por qué rugen las tripas?

El mismo movimiento ondulatorio del estómago y de los intestinos que impulsa la comida en dirección a su salida, **el peristaltismo**, es capaz de generar un rugido o crujido conocido como «borborigmo». Esta contracción muscular ocurre prácticamente en todo momento, aunque si han pasado muchas horas desde la última comida, se oye más intensamente. Esto es porque las tripas vacías hacen eco en el abdomen, como cuando una tubería vacía resuena más fuerte ante cualquier ruido. Suele ser una señal de hambre.

Nuestras tripas están continuamente moviéndose, pero harán más o menos ruido dependiendo del contenido líquido o gaseoso en su interior. Para disminuir los ruidos podemos comer más despacio, masticar bien, controlar la cantidad de comida y evitar cualquier ingesta accidental de aire.

Habría que evitar las bebidas que contengan burbujas o los alimentos fermentables (legumbres, judías, coles, coliflor, etc.), sobre todo si hay un compromiso de por medio, como una cirugía, una cita o una entrevista de trabajo.

Esta es la conversación que tuvo una amiga después del nacimiento de su bebé por cesárea:

—¿Has podido expulsar los aires? —Me preguntó el médico después de comer un plato de alubias.

—Sí —le contesté, sorprendida.

—Perfecto, entonces te doy el alta —dijo el médico.

Efectivamente, no se da el alta médica después de una cirugía abdominal hasta que no se comprueba que se tiene intacta la habilidad para expulsar las flatulencias o meteorismos, con el fin de descartar cualquier caso de perforación o alteración intestinal y comprobar además que se ha recuperado la motilidad intestinal.

De hecho, la falta de ruidos intestinales puede deberse a distintas patologías, como el íleo paralítico. Y el aumento de los ruidos ocurre en patologías que cursan con un aumento del tránsito intestinal, como diarreas o gastroenteritis.

¿Pueden los besos de mamá curar heridas?

«Cura sana, culito de rana. Si no se cura hoy, se curará mañana.» Más que una mera frase para invocar poderes mágicos de curación, el sencillo acto de acompañar la frase con un beso de papá o mamá tiene efectos terapéuticos demostrados científicamente. **Los besos** pueden tanto **desinfectar heridas como acelerar la cicatrización y disminuir el dolor**, anestesiando la zona. Todos estos efectos residen en la pequeña cantidad de saliva que acompaña al beso, y si nos ponemos finos, también en la sugestión curativa conocida como «efecto placebo».

La saliva producida en las glándulas salivares lubrica la cavidad bucal, una de las zonas de nuestro cuerpo con mayor sensibilidad. Es la puerta de entrada de alimentos, por lo que cuenta con un complejo sistema antibacteriano, como las mucinas, varias enzimas e inmunoglobulinas (IgA), las cuales contribuyen a neutralizar las bacterias, dificultando su adherencia y degradando sus estructuras. La saliva es un desinfectante natural que puedes usar si no tienes a mano povidona yodada.

También contiene reparadores tisulares que favorecen la cicatrización, como la nepidermina, un factor de crecimiento epidérmico que media la comunicación entre hormonas y neurotransmisores para «avisar» de la lesión. Y, por último, la saliva incluye sustancias que eliminan el dolor, como la opiorfina, un analgésico 6 veces más potente que la morfina, capaz de activar el sistema de opioides endógenos. No es de extrañar que tomar caramelos o chicles cuando te duele la garganta aumente la salivación y disminuya el dolor.

¿En qué me baso para elegir mi comida?

Mundanal ruido, ¡cómo rugen las tripas cuando tienes hambre!

Para no llegar a casa con algún innecesario chorizo vas de expedición al supermercado habiendo comido. Allí te encuentras una gran variedad de alimentos con su tabla de información nutricional y con diferentes características organolépticas y de palatabilidad: color, sabor, textura, aroma, etc. Esto se debe a que cada alimento presenta un porcentaje diferente de las tres fuentes principales de nutrientes: **hidratos de carbono, lípidos y proteínas**. La composición del alimento determina su contenido calórico, expresado en kilocalorías (Kcal) o Kilojulios (kJ) por cada 100 gramos de producto. Se calcula conociendo la proporción de grasa, proteínas e hidratos de tu comida, aplicando los valores conocidos de kilocalorías por gramo. Así, se sabe que las proteínas y los hidratos de carbono ofrecen 4 kilocalorías por gramo, las grasas tienen 9 kilocalorías por gramo y el alcohol, 7 kilocalorías por gramo. Con estos datos se estiman las kilocalorías totales que presenta cada producto.

La mejor regla para escoger alimentos saludables es elegir los que no hayan pasado por ningún tipo de procesado industrial. Cuanto más directos de la tierra, más saludables serán. Otro factor decisivo es que los alimentos conserven su estructura original, es decir, su forma natural tridimensional. Puedes tomarte un zumo de manzana, pero este siempre será menos sano que tomarte la manzana original, ya que esta incorpora la fibra y los nutrientes intactos, lo que permite una absorción de nutrientes más prolongada y, por tanto, un mayor tiempo de saciedad.

El colmo de los alimentos menos saludables son los alimentos con calorías vacías, es decir, aquellos que poseen muchas calorías pero no contienen nutrientes: ni proteínas, ni vitaminas, ni minerales. Parece paradójico, pero estos alimentos se venden, y seguro que los has consumido. Las bebidas azucaradas, la repostería industrial, los alimentos con grasas trans, las golosinas, así como las bebidas alcohólicas se incluyen dentro de los alimentos con calorías vacías.

¿Por qué debo buscar la complejidad en los azúcares?

Los hidratos de carbono, glúcidos o carbohidratos están compuestos por átomos de carbono, hidrógeno y oxígeno; de ahí que se consideren átomos de carbono hidratados (carbohidratos). Contienen enlaces químicos de elevada energía, lo que los convierte en el combustible inmediato y principal para todas las células de nuestro cuerpo, aunque también desempeñan un papel estructural y funcional.

Pueden existir en diferentes formas, según el número de unidades que conformen el hidrato de carbono. Se clasifican en simples (una unidad: monosacáridos como la glucosa; o dos unidades: disacáridos como la sacarosa) o complejos (más de dos unidades, polisacáridos). Los **hidratos de carbono simples** son los que se conocen popularmente como «azúcares», tienen un sabor dulce y se encuentran fundamentalmente en frutas, zumos y productos lácteos, así como en alimentos con sacarosa añadida o harinas refinadas, como la bollería industrial, el pan blanco, los cereales de desayuno, los dulces o las chucherías. Cada gramo de azúcar en un alimento proporciona 4 kilocalorías de media.

Los polisacáridos, que se consideran **hidratos de carbono complejos**, no tienen un sabor dulce y pueden ser almidón, celulosa o glucógeno. Los alimentos que contienen carbohidratos complejos no solo suministran energía, sino también fibra, vitaminas, proteínas y minerales, por lo que son muy importantes para la salud.

Los hidratos de carbono complejos se encuentran en verduras y frutas como la alcachofa o el plátano; en cereales enteros; en el pan, la pasta o las tortitas integrales, así como en las legumbres. Se recomienda que la mayor parte de carbohidratos que ingerimos sean complejos (almidones) y que consumamos azúcares naturales (frutas y verduras), en lugar de azúcares procesados y refinados. Los hidratos de carbono complejos, al contar con una estructura rígida de celulosa y estar poco procesados, inducen una absorción lenta de los azúcares, con lo que tarda más en aparecer la sensación de hambre y evitan una elevación rápida de la glucosa sanguínea.

Cuando ingieras **frutas y verduras**, me gustaría que no solo disfrutes del sabor y la variedad de colores y aromas, sino que, además, visualices cómo la **fibra contenida** en estos alimentos pasa a modo de **estropajo** o maraña de filamentos por el interior de sus intestinos, limpiando todas las heces de los recovecos y empujando dicho material en dirección a su salida o ano. No hay nada como el placer de ir al baño sin necesidad de sobreesfuerzo. No solo ayuda a prevenir las hemorroides, sino también el cáncer de colon y afecciones más graves. A partir de ahora disfrutarás las frutas y verduras mucho más.

¿Por qué debo ingerir grasas en mi dieta?

Los lípidos o grasas están compuestos en su mayoría por átomos de hidrógeno y carbono (hidrocarburos), lo que determina su carácter insoluble en agua. Los lípidos, en forma de triacilgliceroles (tres ácidos grasos unidos a una molécula de glicerol), constituyen la principal reserva energética a largo plazo del organismo. Su contenido calórico es muy alto (9 kilocalorías/gramo), por lo cual son una forma compacta y anhidra (sin agua) de almacenamiento de energía.

Por ejemplo, cuando llega el invierno en el Ártico, los osos polares se refugian en cuevas o guaridas e hibernan durante 5 o 6 meses, sin comer, sin beber, sin orinar, solo durmiendo, con un ritmo cardíaco de 19 latidos por minuto en lugar de los 84 que tienen en condiciones normales. ¿Y cómo lo consiguen? Durante el otoño, el oso consume cantidades ingentes de comida, que acumula en forma de grasa. Esta grasa le permite mantener la temperatura corporal y un buen aislamiento térmico, además de suponer una fantástica fuente de energía que quedará consumida al final de la hibernación. La oxidación de la grasa libera grandes cantidades de agua, lo que le permite a su vez mantener la hidratación, esencial para reponer el agua que pierde con la respiración. Esta capacidad de producir agua a partir de la oxidación de las grasas la usan, por ejemplo, los animales del desierto como los camellos, que almacenan grasa en su joroba, cuya oxidación proporcionará el agua necesaria en situaciones de escasez.

Las grasas que ingerimos pueden ser de origen animal como la mantequilla o la grasa de cerdo y se denominan **saturadas**, o de origen vegetal como los aceites vegetales o las grasas de pescados azules, que contienen ácidos grasos **insaturados**. Dado que estos últimos no pueden ser sintetizados por nuestro organismo, hay que ingerirlos en la dieta. Reciben el nombre de «ácidos grasos **esenciales**» y son, por ejemplo, el ácido linoleico y el linolénico. Estos están fundamentalmente presentes en los frutos secos, el aguacate, el salmón y el aceite de oliva, entre otros.

En ocasiones, la industria alimentaria transforma los aceites vegetales en grasa sólida como la margarina mediante un proceso de hidrogenación, que genera **grasas trans**. Estas grasas trans también aparecen en productos fritos en los que los aceites se reutilizan numerosas veces para freír diferentes remesas de productos. Se encuentran en ciertas margarinas, en galletas saladas y en dulces, además de en comidas preparadas o fritas con **aceites parcialmente hidrogenados**, los cuales deben ir marcados o señalizados con este nombre. Suponen un riesgo para la salud porque aumentan los niveles de colesterol malo (LDL) y reducen los niveles de colesterol bueno (HDL), además de aumentar el riesgo de desarrollar enfermedades cardíacas, accidentes cerebrovasculares y diabetes tipo 2.

¿De dónde puedo obtener los aminoácidos esenciales?

Las **proteínas** son las moléculas orgánicas más abundantes en los seres vivos. De hecho, su nombre viene del griego *proteios*, que significa «fundamental» o «principal». Cada gramo de proteína tiene un poder calórico de 4 kilocalorías, equivalente al poder calórico de los hidratos de carbono. Las proteínas participan en innumerables funciones fisiológicas: pueden actuar como enzimas, acelerando reacciones químicas; pueden ser hormonas proteicas, como la insulina y el glucagón; pueden tener una función estructural, como el colágeno, e incluso pueden tener una función inmunitaria, como los anticuerpos que nos protegen de agentes invasores o patógenos.

Las proteínas están formadas por cadenas de unidades más pequeñas llamadas «aminoácidos». Solo existen 20 **aminoácidos** diferentes, y nuestro cuerpo es capaz de fabricar 11 de ellos. Los otros 9 son los llamados «**aminoácidos esenciales**» y debemos conseguirlos a partir de la dieta.

Los alimentos de origen animal tienen proteínas de alto valor biológico, con lo que nos suelen aportar todos los aminoácidos esenciales en una sola toma: carnes, pescados, huevos, leche y sus derivados. Sin embargo, al ingerir proteínas de origen animal, se consumen grandes cantidades de grasa, con lo que las proteínas vegetales son también una óptima elección.

Entre los alimentos de origen vegetal que contienen los 9 aminoácidos esenciales encontramos el garbanzo, los pistachos, la soja, algunas alubias, el trigo sarraceno, la quinoa y las semillas de cáñamo y chía. En el caso del resto de vegetales, solo necesitamos combinarlos para que se complementen y proporcionen todos los aminoácidos esenciales. Un ejemplo de buena combinación es un plato de lentejas (ricas en lisina) o guisantes (bajos en metionina) con arroz integral (bajo en lisina y rico en metionina), con lo que se consigue un plato con proteína completa.

Las personas con una dieta vegana deben consumir suplementos de vitamina B_{12}, ya que esta vitamina solo se puede obtener de alimentos de procedencia animal.

¿Qué sustancias no deben faltar en mi dieta?

Además del agua, no pueden faltar en tu dieta las **sales minerales**, unas sustancias inorgánicas que contienen elementos esenciales para mantener nuestras funciones vitales, como el sodio (sal), el potasio (plátanos), el calcio (queso, sésamo), el cloro (sal, tomate) o el yodo (algas, pescado y mariscos). La mayoría de las sales se encuentran disueltas en el agua de nuestro cuerpo, bien dentro de las células o bien en el líquido extracelular (el líquido fuera de las células). No solo cumplen funciones específicas en algunas reacciones del metabolismo, sino que también regulan de forma muy importante la cantidad de agua en nuestro cuerpo. De ahí que los hipertensos eviten la sal (cloruro sódico), ya que esta, para disolverse, necesita agua y, por tanto, es un líquido innecesario que retenemos y acumulamos, lo cual contribuye a su vez a aumentar la presión arterial.

Aparte de variar de vez en cuando el origen o marca del agua que consumimos para asegurarnos de que ingerimos cantidades diferentes de los minerales necesarios, también es importante comprar sal de mesa yodada (suplementada con yodo).

Las **vitaminas** son sustancias orgánicas que resultan imprescindibles en la nutrición de los seres vivos. No aportan calorías, pero sin ellas el organismo no puede aprovechar y metabolizar los nutrientes, y su déficit es la causa de varias enfermedades. En general, absorbemos las vitaminas de los alimentos igual que los nutrientes. Sin embargo, la mayoría de las vitaminas desaparecen con la cocción o el procesado, y de ahí que se deban consumir las frutas y verduras en su estado más fresco.

Las vitaminas se clasifican en hidrosolubles o liposolubles, según si se disuelven en agua o en aceites, respectivamente.

Por ejemplo, la vitamina D es esencial para la absorción del calcio y del fósforo en el intestino, y supone una excepción, ya que sí que somos capaces de sintetizarla al exponer nuestra piel al sol. El tiempo de exposición es variable, según el tipo de piel, el uso de protector solar, la hora del día, la estación y la latitud. Las pieles oscuras requieren un mayor tiempo de exposición, ya que la melanina actúa como un pigmento protector que no deja pasar los rayos ultravioleta tipo B (UVB), encargados de la síntesis de la vitamina D. No sirve colocarse detrás de un cristal, ya que este también bloquea los rayos UVB.

Se pueden producir cantidades adecuadas de vitamina D con una **exposición moderada** al sol en la cara, los brazos y las piernas, con una media **de 5 a 20 minutos 2 o 3 veces por semana**. Lo mejor es retirarse o aplicarse protector solar después de ese tiempo para evitar las consecuencias perjudiciales del exceso de luz solar. El déficit de vitamina D puede causar retraso en el crecimiento y raquitismo en los niños, así como exacerbar la osteoporosis y aumentar el riesgo de fractura en adultos.

¿Qué dieta debo seguir?

La vida moderna nos proporciona alimentos en exceso y pocas oportunidades para movernos y consumir las calorías ingeridas. ¿Has visto algún animal salvaje con obesidad? Solo los animales domésticos como perros o gatos llegan a ser obesos. Este ejemplo muestra claramente qué se debe hacer: ingerir una cantidad moderada de alimentos mínimamente procesados y ejercitarnos más.

La elección de lo que comes no solo condiciona la cantidad de nutrientes que va a usar tu metabolismo, sino que también determina si las células vivirán en un contexto celular propenso o adverso a la inflamación. Si la célula vive en un **ambiente proinflamatorio**, activará genes de **envejecimiento, cáncer o patología**. Si el ambiente es **antiinflamatorio**, se activarán genes de **juventud, salud y longevidad**.

Las herramientas más potentes que se conocen para evitar la inflamación están dentro de tu nevera; si no las tienes, ya puedes empezar a incluirlas en tu dieta. Son alimentos que disminuyen la carga inflamatoria de nuestro cuerpo, como frutas, verduras, pescado azul, frutos secos, aceite de oliva, especias, etc. En el lado opuesto, los alimentos que tendrás que evitar son los carbohidratos refinados como los dulces, las patatas fritas y las frituras en general, las bebidas azucaradas, las mantequillas, etc., es decir, alimentos con calorías vacías. Así, las dietas que más se ajustan a estos patrones de alimentos son las dietas equilibradas, como la mediterránea o la japonesa tradicional.

Te recomiendo que no hagas cambios drásticos en tu dieta. Empieza poco a poco, incorporando alimentos más saludables, como fruta en vez de un postre elaborado, o ensalada en vez de patatas como acompañamiento. ¡Todo suma!

¿Funciona el ayuno intermitente?

Los largos períodos sin comer de nuestros antepasados prehistóricos establecieron un metabolismo de ayuno que nos permite sobrevivir incluso en ausencia de alimento. Esta es la base sobre la que se asienta el **ayuno intermitente**, un tipo de dieta que limita la cantidad de tiempo en el que se permite comer. No hace falta contar calorías ni ingerir determinados alimentos: lo único que se necesita es estar un período largo de tiempo sin comer.

Uno de los métodos más usados es el 16:8 a lo largo de un día: 16 horas de ayuno y 8 horas de alimentación. Durante la ventana de ayuno es muy recomendable mantener el cuerpo hidratado, pudiendo ingerir bebidas de aporte calórico muy bajo, como agua, infusiones o café solo. En el estado de ayuno, debido a la falta de ingestión de glucosa o carbohidratos, se agotan las reservas de glucógeno del hígado, lo cual hace disminuir la glucosa sanguínea, al tiempo que se empiezan a metabolizar los ácidos grasos para producir **cuerpos cetónicos**. Estas moléculas son muy volátiles y son las que se evaporan a través de la respiración causando un olor particular al aliento como de fruta madura en descomposición.

Recientes publicaciones científicas han demostrado que la práctica ocasional del **ayuno intermitente** puede ser enormemente **beneficiosa.** Por un lado, la restricción calórica reduce la producción de radicales libres, unas moléculas químicas reactivas que destruyen proteínas y lípidos celulares y causan inflamación. También mejora la regulación de la glucosa, aumenta la resistencia celular al estrés y al daño, y suprime la inflamación. Por otro lado, se activan las vías de autofagia (comerse a uno mismo), que se encargan de destruir proteínas viejas o dañadas para reemplazarlas por proteínas nuevas funcionales. Además, se ha observado una mejoría en enfermedades crónicas como la obesidad, la diabetes mellitus, las enfermedades cardiovasculares, el cáncer y los trastornos neurológicos.

Por ejemplo, en el sistema nervioso, la alternancia entre glucosa y cuerpos cetónicos como fuente de alimentación favorece el metabolismo de las neuronas, lo que redunda en una mejora de los procesos neuronales degenerativos, como el alzhéimer o el párkinson.

La religión musulmana ya incorporó el ayuno intermitente en el Ramadán desde tiempos inmemoriales, como una práctica reflexiva de oración, en comunidad. Se realiza una vez al año y dura aproximadamente un mes. Se ayuna desde el amanecer hasta el ocaso. Están exentas de cumplirlo las personas adultas con enfermedades crónicas, las embarazadas, las mujeres en período de lactancia, las personas diabéticas, o durante la menstruación.

Numerosos famosos mantienen su línea y juventud gracias al ayuno intermitente, con lo que se han convertido en embajadores de esta dieta. No solo nos **mantiene jóvenes y sanos**, sino que nos hace **ahorrar dinero** porque comemos menos. Además, limitamos nuestro impacto en el planeta, al evitar el agotamiento de recursos, con lo que es **más sostenible**. ¿Se puede pedir más?

✳ **11** ✳

Respiras, luego existes: aparato respiratorio

En boca cerrada no entran moscas. Esta gran frase nos recuerda la virtud de la prudencia al hablar, pero también cómo debemos respirar. La **respiración lenta nasal** es absolutamente fundamental para sentirnos **sanos y felices**. Muchas culturas basan sus prácticas espirituales en la premisa de que nacemos con una cantidad finita de respiraciones. Otras piensan que no es tan importante las veces que respiras, sino más bien los momentos que te dejan sin aliento. Siempre ha existido una conexión entre el espíritu y la respiración, y de ahí que la última exhalación se asocie con el final de la vida.

Es más, no es coincidencia que la raíz latina *spir*, que significa «respirar», se encuentre tanto en la palabra «respiratorio» como en «espíritu». Tanto en griego como en otras culturas y lenguas como la árabe o la germánica se asocia lingüísticamente la respiración (en griego *anapneo*) con el alma y el espíritu (en griego *pneuma*, que curiosamente también significa «viento»). En castellano conservamos estas raíces latinas y griegas; por ejemplo, la palabra «neumático» hace referencia a la pieza rellena de aire que recubre las ruedas.

Ahora mismo estás inhalando mientras lees este texto, así que aprovecho para que tomes conciencia de este sencillo acto involuntario, que además puedes dominar a tu antojo. Pon tu mano sobre el pecho, inhala lentamente, mantén la respiración unos segundos y exhala pausadamente, soltando todo el aire de tu interior. La respiración consciente no solo es el mejor antídoto para el estrés, la ansiedad y la depresión, sino que puede ser una gran fuente de felicidad y bienestar.

No es de extrañar que los cambios en los patrones de respiración se asocien a momentos memorables: el primer llanto de un bebé tras nacer, reírte a carcajadas con tus amigas, la primera respiración después de quitarte los mocos o la mascarilla, etc. Todas implican cambios conscientes en los patrones de respiración.

El aparato respiratorio no solo permite el intercambio de gases con la sangre, sino que también facilita la fonación y el habla. Atención a todos los aspirantes a cantantes, actores, profesores, periodistas, conferenciantes, comunicadores y *coaches*. Vuestro sistema respiratorio es el arma secreta de vuestro trabajo, y su buen uso marca la diferencia entre lanzarte como nominado a varios premios Grammy o quedarte como cantante de ducha o verbena. Puedes sonar dramático, tímido, convincente, elocuente o vibrante si así lo deseas, con la modulación del aire que sale de tus pulmones y que te permite emitir tu voz.

¡Así que inhala el futuro, exhala el pasado y respira el presente!

¿Tiene la nariz la misma estructura que el pene o el clítoris?

Sí, efectivamente la nariz, junto con los genitales, son los únicos órganos del cuerpo con tejido eréctil. ¿Será por eso que dicen que el tamaño de uno y otro están relacionados? Según un reciente estudio publicado en Japón, sí que parece existir una correlación positiva en cuanto a la longitud (nariz más larga, pene más largo), pero no en cuanto al grosor. Hacen falta más investigaciones para concluir que esta afirmación es realmente extensible a otras poblaciones, además de a la japonesa.

Si te pones delante de un espejo y respiras por la nariz, ¿te has fijado en la marca de vapor que dejas? El aire que sale de un orificio siempre será mayor que el del otro. Esto se debe al **ciclo nasal**, por el que el aire siempre pasa de forma prioritaria por uno de los dos orificios nasales en ciclos de 2 horas de duración que se van alternando.

Cuando el aire entra por la nariz a través de las fosas nasales, pasa a través de una de las dos cavidades nasales que tenemos separadas por un tabique óseo y cartilaginoso. Las paredes de este tabique forman unos pliegues en forma de crestas llamados **cornetes**, que ayudan a calentar, humectar el aire y eliminar las partículas en suspensión. El tejido subyacente a los cornetes posee una gran cantidad de vasos que constituyen el **tejido eréctil nasal**.

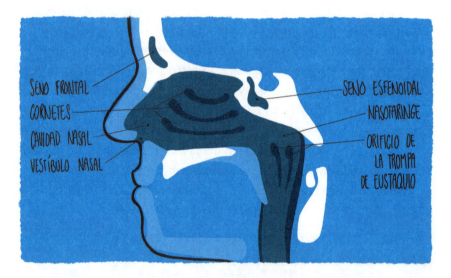

Cada 2 horas cambia el llenado de estos vasos, de modo que se modifica el recorrido que realiza el aire, pasando mayoritariamente por una fosa nasal u otra. El porcentaje de aire se suele distribuir en un 75 y 25 por ciento en cada fosa durante cada ciclo nasal, y se va alternando. Esta fluctuación permite maximizar la exposición al calor corporal, pero también mantener húmeda y caliente la fosa que recibe menos aire, para que posteriormente realice mejor la función de **calentamiento y humectación**. Además, este mecanismo de alternancia de orificios podría optimizar la detección de olores en el ambiente.

Por otro lado, estas oscilaciones del tejido eréctil generan remolinos y turbulencias en las corrientes de aire que entran y mejoran la **filtración** del mismo, haciendo que las partículas en suspensión se adhieran a las paredes cubiertas de moco. Cuando lloras, las lágrimas entran en el conducto nasolagrimal, son drenadas hacia la cavidad nasal y se barren junto con el moco hacia la faringe para tragarlas o bien expulsarlas al exterior por las fosas nasales.

Estos mismos vasos del tejido eréctil son los que se dilatan y dejan escapar líquido durante las reacciones alérgicas o el resfriado. Con esta distensión de los vasos se produce un agrandamiento pronunciado del tejido que junto con las secreciones mucosas restringen el paso de aire provocando lo que popularmente se conoce como «nariz tapada».

La rotura de estos vasos ocasiona los abundantes **sangrados nasales**, conocidos como **epistaxis**. Y aunque respirar por la boca es uno de los peores vicios respiratorios que podemos tener, en este caso es recomendable hacerlo, mientras se presiona la nariz con el pulgar y el índice, con el fin de detener la hemorragia. En ese caso no te tumbes, puesto que cualquier **hemorragia** debe mantenerse siempre **por encima de la altura del corazón**, ya que así la sangre viaja en contra de la gravedad y se pierde menos cantidad.

¡Ni te imaginas la de millones de años de evolución y perfeccionamiento que lleva tu hocico!

¿Cómo debo respirar para convertirme en la próxima Rosalía?

La voz es un instrumento natural y único de cada persona que permite la comunicación. Es tan personal que hasta los sistemas de autenticación de los bancos se abren ahora por biometría de voz. La voz podría considerarse un instrumento de viento y de cuerda, ya que se necesita el aire para producir la vibración de **las cuerdas vocales**. Estas se localizan a la entrada de la tráquea y están formadas por dos bandas de tejido muscular flexible. Cuando hablas, las bandas se juntan y vibran para emitir sonidos. El resto del tiempo, las cuerdas vocales se encuentran relajadas (abiertas), para que puedas respirar. Sin aire en los pulmones, las cuerdas vocales se fuerzan excesivamente y aparece la afonía, que si es crónica, podría alterar la estructura de las cuerdas vocales, causando callos, nódulos e incluso tumores.

En esto puedo decirte que tengo un máster, ya que algunos veranos de mi adolescencia los he pasado afónica por hablar demasiado. Tras muchos cursos y clases recibidas en esta disciplina concluí lo siguiente:

1. **Habla haciendo pausas**, en las que aprovecharás para tomar aire.
2. **Evita asimetrías corporales**, ya que estas dificultan el llenado eficiente de los pulmones. Los ejercicios matutinos de estiramiento siempre vienen bien para equilibrar la postura corporal.
3. **Usa las estructuras de la cavidad bucal** para modular la voz y aumentar su resonancia como los labios, la mandíbula, el paladar, las mejillas, la lengua, etc.
4. **Asegúrate de mantener una buena hidratación** en todo momento y tener la garganta húmeda, ya sea bebiendo o salivando con chicles o caramelos. Las cuerdas vocales vibran eficientemente si están hidratadas y lubricadas.
5. **Practica la respiración abdominal lenta**. Un estribillo sin aire es la peor pesadilla de un cantante. Por eso, la respiración abdominal lenta permite retener la máxima cantidad de aire y administrarlo de forma adecuada a lo largo de las frases de las canciones. El principal músculo que debes controlar para vaciar de forma paulatina la salida de aire de los pulmones es el diafragma.

Además de estos trucos, unas clases de canto no te vendrían mal, ya que aprender a usar nuestro aparato fonador y resonador siempre ayudará.

¿Puedo cambiar cómo me siento si cambio mi respiración?

Vivimos en una sociedad en la que comemos en exceso, pero también respiramos en exceso y mal. Respirar bien es un pilar fundamental para nuestra salud, tan importante como la alimentación o el ejercicio. De hecho, una de las pistas para saber que has mejorado haciendo ejercicio físico es que ya no tienes «sensación de ahogo» y respiras más lentamente y sin atropellos. ¿Has experimentado este sentimiento incomparable de superación?

Tu estado de ánimo cambia radicalmente si empiezas a **respirar lentamente** involucrando al abdomen, **retienes la respiración** por unos segundos y luego **exhalas despacio**. Este hábito permite cambiar no solo cómo te sientes, sino también cuánto vivirás, gracias a la estimulación del nervio vago, que manda señales directas de relax y bienestar al cerebro. Por ejemplo, los bebés que están libres de preocupaciones tienen una respiración abdominal larga, en la que existe un rendimiento óptimo de absorción de energía y oxígeno. En cambio, los adultos nos limitamos a respirar usando la parte alta de la caja torácica, justo donde hay menor rendimiento respiratorio, ya que muchas tensiones se acumulan en la zona abdominal e impiden que respiremos adecuadamente. Ten en cuenta que los mamíferos con una respiración más lenta son los que más viven, como la ballena azul, los elefantes o los humanos.

Un truco para ayudarte a hacer respiraciones más lentas y pasusadas es pensar en la respiración como la parada de un tren en una estación. La estación son tus pulmones y el vagón del tren es el volumen de sangre que llega con cada latido cardíaco al pulmón. El oxígeno (O_2) y el dióxido de carbono (CO_2) van sentados en el vagón sobre la hemoglobina (los asientos del vagón). Cuanto más tiempo esté el vagón en la estación (retención del aire inhalado), más moléculas de dióxido de carbono saldrán con la espiración y más oxígeno se sentará en la hemoglobina para ser transportado a todos los tejidos.

¿Por qué necesito dióxido de carbono para vivir?

El dióxido de carbono (CO_2) es una molécula que necesitamos y que producimos como consecuencia del metabolismo. Actúa como un potente vasodilatador. Cuando ejercitas un músculo y se produce mucho dióxido de carbono, este dilata los vasos para que llegue más sangre y se libere más oxígeno al tejido. Y aunque parezca paradójico, es el dióxido de carbono presente en nuestras células el que realmente propulsa el oxígeno al interior de estas. Por eso, una respiración demasiado rápida puede tener consecuencias negativas, ya que se desajustan los niveles de oxígeno y dióxido de carbono en sangre, lo que puede conducir a mareos, sensación de confusión y dolor torácico, entre otras dolencias. Es como si te sirven un montón de comida y acabas de comer; ¿la ingerirás?

En este sentido, por ejemplo, para mejorar el aspecto de la piel no se inyecta oxígeno, sino que se administra dióxido de carbono a nivel subcutáneo (carboxiterapia), ya que este dióxido de carbono será el que «saque» el oxígeno de la sangre para que entre en el interior de nuestras células. Así, estas microinyecciones de CO_2 hacen que los vasos sanguíneos se dilaten y se oxigene el tejido, mejorando la circulación y la elasticidad cutánea.

De manera natural, nuestro diafragma se tensa y se relaja de forma totalmente organizada en cada respiración. En ocasiones, este movimiento se desorganiza y hace que el músculo se contraiga de manera espasmódica, con una salida de aire brusca, molesta y con ruido, es decir, se produce **el hipo**. Las principales causas pueden ser comer demasiado rápido, las bebidas con gas, la comida picante, tragar aire, estar emocionado o excitado, etc. Para quitar el hipo se puede aguantar la respiración de 10 a 20 segundos, aumentando así el CO_2 en la sangre para que el diafragma se relaje. También puedes distraerte, ya que cuando te des cuenta, se habrá ido.

Obviamente, la presencia de una gran cantidad de CO_2 en el entorno, como ocurre en una habitación llena de gente y sin ventilación, podría hacer que la respiración se vuelva más fatigosa por la falta de oxígeno en el ambiente.

Otro asunto de extrema importancia es la inhalación involuntaria de monóxido de carbono (CO), un gas que causa la «muerte dulce», ya que se produce mientras la persona se va quedando «dormida» poco a poco, sin sensación de ahogo ni de asfixia. Al respirar este gas incoloro e inodoro, se «bloquea» la capacidad de la sangre para transportar oxígeno, lo que provoca daños en los pulmones y el cerebro. Se produce por la combustión de braseros, chimeneas o estufas, así como por tener un coche encendido en un espacio cerrado. Así que asegúrate de apagar todos estos objetos y ventilar las estancias donde se encuentren.

¿Cómo puedo dormirme rápidamente?

La ciencia demuestra que podemos sobrevivir mucho más tiempo sin comer que sin dormir. Todos nuestros órganos empeoran con la falta de sueño, y el director de orquesta, nuestro cerebro, es uno de los más afectados. Para que cada día, al levantarte, todo funcione bien y a su debido tiempo, el cerebro detiene cada noche a los músicos, nuestros órganos, para poder organizar sus partituras.

Durante las 7-8 horas que estamos dormidos, decimos que el cerebro se «apaga», aunque realmente lo que ocurre es que se activa, mientras todo el cuerpo disminuye progresivamente su actividad. Es como ir bajando una escalera en la que cada escalón supone un nivel de profundidad en el sueño. Así, en los primeros escalones se desactivan las neuronas motoras para que dejen de activar los músculos. De hecho, en esta fase es cuando experimentamos la sensación de que nos caemos, ya que estas «caídas» suponen descargas musculares normales que ocurren cuando se están desactivando las neuronas motoras en la transición vigilia/sueño.

Otro de los pasos clave para bajar de escalón y entrar en un sueño profundo es experimentar un cambio en la respiración. Esta pasa de ser más rápida y superficial a una respiración lenta y profunda mientras dormimos. Es precisamente la respiración la que nos puede ayudar en la transición hacia un sueño profundo, y el **método 4-7-8** es el más eficaz. Para ello, debes empezar colocando la lengua en su posición de reposo, en la parte de arriba de la boca, apoyada en el paladar. Después, exhala todo el aire de los pulmones a través de la boca, sin mover la lengua de su sitio. A continuación, repite esta secuencia: toma aire por la nariz durante 4 segundos; aguanta la respiración durante 7 segundos;

exhala el aire a través de la boca durante 8 segundos; vuelve a inhalar y repite la serie 4-7-8 hasta dormirte. Si no puedes aguantar estos tiempos, puedes reducirlos de forma proporcional. ¡A mí me funciona siempre!

Por otra parte, **se recomienda dormir de lado**, ya que la espalda está alineada y no se carga de peso o tensión, como ocurre de espaldas o boca abajo. De hecho, si descansas **sobre el lado izquierdo**, no solo favoreces la digestión y el paso de alimentos por el estómago y los intestinos, sino que también eliminas de forma más eficiente residuos del sistema nervioso central a través de un sistema linfático especial, el sistema glinfático. Por si no hubiera suficientes motivos, dormir hacia el lado izquierdo mejora la circulación sanguínea, evitando compresiones de los grandes vasos como la aorta o la vena cava, que salen y entran del corazón, respectivamente. Está especialmente recomendado en embarazadas, ya que se evita que el bebé presione la vena cava y la sangre llegue a la placenta.

Los beneficios de dormir son indudables: aumenta la capacidad cognitiva, consolida la memoria, mejora la fuerza de voluntad, hace crecer (descomprime la columna vertebral), previene la obesidad, mejora el humor y el estado de ánimo, refuerza el sistema inmunitario, mejora la piel, previene las enfermedades neurodegenerativas y un largo etcétera. ¿Y aún estás dudando en echarte esa *power nap* o siesta de 20 minutitos? ¡Yo no la perdonaría!

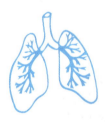

El hilo rojo: Aparato circulatorio (sanguíneo y linfático)

Como valientes hematíes, decidimos subirnos a la montaña rusa del Dragón Rojo. Juan y yo habíamos pasado una infancia feliz juntos en la médula ósea, y salir al torrente sanguíneo fue sencillo, aunque lento. Todo empezó a ganar velocidad cuando entramos en la zona cardíaca, donde nos esperaban las vueltas de cabeza en un espacio más ancho, las aurículas y los ventrículos. Un par de piruetas y, sin darnos cuenta, nos cargamos de oxígeno en los pulmones. Volvimos juntos al corazón, pero no revueltos. Una cabriola más, y con gran rapidez fuimos eyectados a través de la aorta. Aquí le perdí la pista: a mí me destinaron a los capilares de los pelos de la pierna derecha, mientras que a Juan le tocó dirigirse al lóbulo de las orejas. Le eché de menos.

En nuestros respectivos destinos entregamos nuestro oxígeno y nos cargamos de dióxido de carbono. La vuelta por las venas era lenta y parsimoniosa, a veces hasta desesperante. Cosas del azar, volvimos a coincidir en el corazón, el cual nos propulsó frenéticamente. Empecé a pensar que estábamos conectados por el hilo rojo, la famosa leyenda japonesa por la cual las personas unidas por este hilo invisible atado a su dedo meñique están destinadas a convertirse en almas gemelas. Con independencia del tiempo que pase o las circunstancias de sus vidas, el hilo rojo podrá enredarse, estirarse, tensarse o desgastarse… pero jamás romperse.

En la siguiente vuelta me tocó, precisamente, el meñique de la mano

derecha y a Juan, el de la izquierda. Entonces me dijo: «Estamos predes-
tinados. Del corazón al dedo meñique viaja una arteria llena de vida [ar-
teria cubital o ulnar], de modo que hay un hilo que nos conecta de mi
meñique a tu meñique. Este hilo se extiende por el mundo hasta unirse
a la vena del meñique de la otra persona que llega directamente a su corazón». Me sonrojé, aunque la hemoglobina de mi interior no dejó que
se notase.

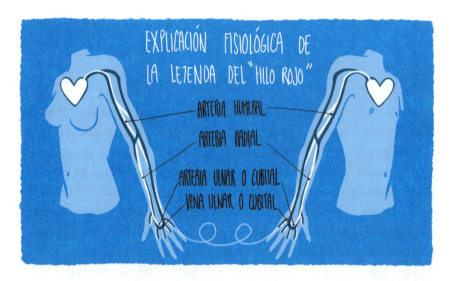

   Y así pasaron 120 felices días con nuestro pequeño ratito de coincidencia cardíaca. A partir de entonces perdimos flexibilidad, y al pasar por la malla filtrante del bazo, Juan no lo contó. Mi destino estaba
cerca, ya que, llegando a los capilares de un ovario, mi membrana tampoco aguantó. Una vida plena y feliz como glóbulo rojo, no se podía pedir más.

   El aparato circulatorio incluye el sistema sanguíneo y linfático. Una
extensa red de vasos de más de 80.000 kilómetros, suficiente para dar
2 veces la vuelta a la circunferencia de la Tierra. Por el interior de estos
vasos circula la sangre y la linfa, fluidos que comunican todas las partes del cuerpo para conseguir un equilibrio general. ¿Te animas a reco-
rrerlos?

¿Tiene la sangre el mismo comportamiento que el kétchup?

Sí, la sangre se comporta como un fluido no newtoniano, al igual que el kétchup. La mayoría de los líquidos, como el agua, presentan una viscosidad constante y se les conoce como «fluidos newtonianos». Sin embargo, hay algunos líquidos llamados «fluidos no newtonianos» cuya viscosidad varía según la temperatura o la fuerza que se le aplica. El kétchup, las arenas movedizas y la sangre pertenecen a este tipo de fluidos.

La sangre es una suspensión de células y proteínas en una solución acuosa, por lo que sus propiedades dependerán fundamentalmente de las características de sus componentes. A baja velocidad, su viscosidad es alta, ya que todos los componentes están orientados al azar y, por lo tanto, oponen mayor resistencia al flujo. Conforme aumentan las fuerzas que se ejercen sobre el líquido, los constituyentes de la sangre (en su mayoría eritrocitos) se orientan en la dirección del flujo, lo que da origen a estructuras que cada vez se oponen menos al flujo y, por lo tanto, la viscosidad disminuye. Estas estructuras no son estables, pues al dejar de fluir, el sistema recobra su estructura original y aumenta la viscosidad.

Una alta concentración de glóbulos rojos aumenta **el hematocrito**, que es el **porcentaje de glóbulos rojos en la sangre**; de esta forma aumenta también la viscosidad de la sangre. De ahí que las concentraciones elevadas de glóbulos rojos, aunque mejoren el transporte de oxígeno a las células, puedan ser peligrosas, por la posible formación de coágulos de sangre.

Por otro lado, la sangre disminuye su viscosidad al fluir a través de los capilares, ya que, en estos vasos, el hematocrito es inferior al de las arterias. Esto permite que aunque circule a velocidad más lenta, no se aglutine y, por tanto, irrigue de forma correcta los distintos órganos y tejidos.

¿Por qué siempre me vienen las mejores ideas durmiendo o en la ducha?

¡La sangre es vida y es energía! Ahí donde haya flujo sanguíneo hay movimiento e intercambio de oxígeno y nutrientes. Esta transacción siempre se produce a la altura de los lechos **capilares**, unos **vasos sanguíneos muy finos y estrechos** que permiten la difusión bidireccional de nutrientes y productos de desecho.

Solo el 25 por ciento del total de capilares de nuestro cuerpo están abiertos en un determinado momento. Eso significa que un 75 por ciento de tu cuerpo está medio «dormido» o en estado basal, con un aporte de sangre restringido, debido a la contracción de unos anillos musculares llamados «esfínteres capilares».

Solo cuando una determinada zona corporal aumenta su actividad, los capilares se abren y se restaura el flujo de la zona para atender las necesidades locales de oxígeno y nutrientes. Por ello, cuando trabajamos sentados, tenemos una hemodinámica corporal constante de reposo, con una distribución sanguínea uniforme. Un porcentaje específico de sangre irá a las piernas, otro a los brazos, otro al estómago o al cerebro, entre otros órganos.

Cualquier actividad que cambie esta distribución fija de sangre y sea capaz de **abrir lechos capilares alternativos**, modificará nuestra hemodinámica corporal y, por tanto, cambiará nuestro estado mental y de inspiración. Así, pasear, darnos una ducha o dormir alterará totalmente los vasos capilares por los que preferentemente circula sangre y, por tanto, activará o aumentará la actividad de nuevas neuronas cerebrales. Un exceso de ejercicio físico o comidas muy copiosas podrían dar el resultado opuesto, llevando toda la sangre prioritariamente a los músculos o al estómago, respectivamente.

Es más, hacer **posturas invertidas** como el pino o el clavo prevendrá en gran medida el estancamiento de sangre, sobre todo en vasos cuya disposición anatómica dificulta el drenaje de sangre, como sucede en las piernas o en la parte inferior del tronco. Estas posturas mejoran no solo el riego cerebral, sino que favorecen que tu cabello crezca más fuerte y denso, y **previenen la formación de varices y hemorroides** (dilataciones de vasos a nivel rectal).

En este sentido, muchas terapias usan precisamente la estimulación de la circulación sanguínea en la zona dañada para repararla cuanto antes. Aplicar frío y calor de forma alterna, por ejemplo, se usa para el tratamiento de lesiones musculares, pues el frío disminuye la inflamación y el calor disminuye el dolor y aumenta el aporte sanguíneo.

¿Dónde se ubica exactamente la médula ósea?

La médula ósea es el tejido que se encarga de llevar a cabo un proceso conocido como «hematopoyesis», en el que se sintetizan los diferentes tipos celulares de la sangre: hematíes, glóbulos blancos y plaquetas. Cuando la médula ósea está en plena producción de estos componentes, se la denomina médula ósea roja, mientras que a la médula ósea que no produce activamente células sanguíneas se le llama médula ósea amarilla. Esto se debe a que, con el tiempo, el tejido productivo hematopoyético es sustituido por adipocitos (o grasa), los cuales le dan un aspecto amarillo a esta médula ósea inactiva.

La cavidad medular es un espacio de hueso esponjoso que está en la parte central e interior de los huesos. La mayor síntesis de células sanguíneas en los niños ocurre en la cavidad medular de huesos largos, como los de brazos, piernas y dedos de manos y pies. Sin embargo, la médula ósea cambia de ubicación con la edad y en adultos, la hematopoyesis ocurre en las costillas, las vértebras o la pelvis. Incluso en la médula ósea activa de los adultos, la mitad del espacio medular está ocupado por tejido adiposo, lo que indica una menor funcionalidad. No obstante, si es necesario, como en el caso de una hemorragia grave, esta situación se revierte para aumentar su producción.

Y aunque te parezca extraño, ahora está de moda comérsela: «Camarero, ¡una de tuétano!». En los restaurantes *gourmet* se incluye como tapa o aperitivo. Se trata de un alimento muy graso —ya hemos visto que con la edad se infiltra con tejido adiposo— y tiene una gran cantidad de ácidos grasos esenciales; además, es rico en vitaminas y minerales. De hecho, la habilidad de extraer la médula ósea de los huesos con herramientas de piedra podría haber hecho que nuestros antepasados prehistóricos aprovecharan los restos de las presas que dejaban los depredadores, lo cual enriqueció enormemente su alimentación.

¿Es verdad que hay colesterol bueno y colesterol malo en sangre?

El **colesterol** es una molécula de grasa esencial que se encuentra en todas las células de nuestro cuerpo y forma parte de su membrana plasmática, la envoltura que recubre las células. Es fundamental para la síntesis de hormonas esteroideas (como el cortisol, la testosterona o los estrógenos, entre otras), de la vitamina D y de los ácidos biliares. Además, es necesaria para el funcionamiento normal del organismo.

El colesterol está presente en muchos órganos, como el cerebro, el hígado, los nervios y la sangre, tanto en los humanos como en otras especies animales. Por eso se dice que sus niveles se pueden reducir al evitar los alimentos de origen animal. La inmensa mayoría del colesterol procede de la síntesis endógena en el hígado, con lo que las fuentes exógenas pueden hacer que acumulemos colesterol en exceso y causar problemas.

Este lípido no puede viajar por sí mismo en la sangre, ya que al ser una molécula grasa, no puede disolverse en la solución acuosa que constituye el plasma de la sangre. Por ello, tanto el colesterol como las demás grasas, los triglicéridos, viajan unidos a unas proteínas llamadas **lipoproteínas.** Estas se clasifican según la cantidad de lípidos que cargan. Si llevan muchos lípidos en proporción a la cantidad de proteínas son **lipoproteínas de baja densidad LDL** (del inglés *low-density lipoprotein)*. Sin embargo, si llevan poco lípido y mucha proteína HDL (del inglés *high-density lipoprotein*) tendrán una mayor densidad.

Es precisamente esta propiedad la que determina su bondad o maldad, tan popular en la literatura médica. Las lipoproteínas más ligeras, las LDL (popularmente conocidas como «**colesterol malo**»), son las que transportan el colesterol a los tejidos, ya que debido a su baja densidad, se dispersan y difunden hacia las células de los tejidos, atravesando para ello las paredes de los vasos sanguíneos. En este movimiento, parte del colesterol que contienen se queda retenido en las paredes del vaso, lo que provoca la obstrucción de la circulación sanguínea, con el consiguiente riesgo de cardiopatía, infarto o ictus cerebral.

Las lipoproteínas más pesadas, las HDL (popularmente conocidas como «**colesterol bueno**»), se mantienen dentro de los vasos por su elevada densidad, lo que hace que limpien el colesterol de los vasos y lo lleven al hígado. Les resulta imposible penetrar las paredes de los vasos y, por tanto, causar problemas como las placas de ateroma (placas de colesterol inflamadas en las paredes de los vasos sanguíneos), que pueden restringir el paso de células sanguíneas a los órganos.

Si el corazón bombea la sangre, ¿quién mueve la linfa?

Nuestro cuerpo solo cuenta con dos sistemas circulatorios de transporte y comunicación: el sanguíneo y el linfático. El **sistema sanguíneo** es un circuito cerrado por el que la sangre circula de forma unidireccional por arterias, capilares y venas, bombeada por el corazón. El sistema linfático es menos conocido, pero igual de importante.

El **sistema linfático** se compone de una red de vasos abiertos (vasos linfáticos) por los que circula la **linfa**, el líquido sobrante de los tejidos que se filtra de la sangre. Su recorrido es unidireccional y ascendente, de los pies hacia el cuello. En su camino, la linfa pasa a través de ganglios y órganos linfáticos como el bazo, las amígdalas o el timo. Su contenido desemboca finalmente en el sistema circulatorio a nivel de la clavícula, en la base del cuello.

En condiciones normales, el ser humano puede llegar a tener alrededor de 15 litros de linfa. Este valor puede ser mayor si existe retención de líquidos, como durante el embarazo, o en casos de desnutrición o de enfermedad hepática o renal.

El sistema linfático no cuenta con ningún órgano específico que se encargue de empujar la linfa en dirección a su punto de drenaje en la base del cuello. El único mecanismo que ayuda a la movilización de la linfa es el movimiento de nuestros músculos al movernos. Los vasos linfáticos cuentan, además, con un sistema de válvulas que impiden que el flujo viaje en dirección opuesta, es decir, hacia los pies. Por este motivo, cuando vamos en avión y pasamos mucho rato sentados, se nos hinchan las piernas, y después de dormir 8 horas a pierna suelta nos levantamos con bolsas alrededor de la piel de los ojos. La solución a las piernas hinchadas es levantarse cada 2 horas y el remedio para las bolsas es empezar a parpadear y moverse.

Si con esto no es suficiente, se han puesto muy de moda los masajes de drenaje linfático, que ayudan a eliminar tobillos hinchados, bolsas o papada. Aquí te dejo algunos movimientos que se pueden hacer para facilitar el drenaje facial y la activación de la circulación sanguínea. Acuérdate de activar el punto de unión de los sistemas linfático y sanguíneo a nivel clavicular con movimientos circulares para facilitar la salida de linfa hacia la sangre.

✳ 𝟙𝟛 ✳

Tanto entra, tanto sale: aparato excretor

¡Enhorabuena, eres millonario! Todos los días te levantas con dos riñones que funcionan perfectamente, dejando limpia de desechos toda tu sangre, pero ¿sabes lo que cuesta un riñón? En España, los costes de los trasplantes de riñón son cubiertos por el sistema público de sanidad, pero en Estados Unidos pagarías 400.000 euros. El riñón es uno de los órganos más asequibles, y una ganga si lo comparas con el corazón y los pulmones (aproximadamente un millón y medio cada uno), el intestino o la médula ósea (alrededor de un millón), o incluso el hígado o el páncreas. El valor del cerebro es tan incalculable que ni siquiera tiene sentido biológica o económicamente trasplantarlo.

Tus órganos son carísimos, pero también superexclusivos. Hay una lista de espera para cada uno de ellos. Además, cuando hay algún órgano disponible, se deben cumplir una serie de criterios geográficos, para que el órgano no se estropee con el trasporte, pero también criterios de compatibilidad genética, con el fin de evitar rechazos. España es el país más avanzado en cuanto a donación de órganos, liderando el ranking mundial en las últimas 3 décadas. La población es extraordinariamente solidaria, ya que dona sus órganos en caso de muerte cerebral o ataque cardíaco de forma totalmente altruista. Además, los profesionales de primer nivel de los hospitales son sumamente rápidos y eficaces gestionando todos los trámites y acciones necesarias.

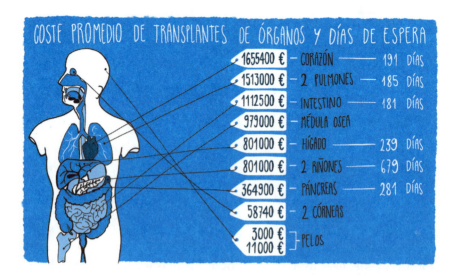

COSTE PROMEDIO DE TRANSPLANTES DE ÓRGANOS Y DÍAS DE ESPERA

Coste	Órgano	Días de espera
1655400 €	CORAZÓN	191 DÍAS
1513000 €	2 PULMONES	185 DÍAS
1112500 €	INTESTINO	181 DÍAS
979000 €	MÉDULA ÓSEA	
801000 €	HÍGADO	239 DÍAS
801000 €	2 RIÑONES	679 DÍAS
364900 €	PÁNCREAS	281 DÍAS
58740 €	2 CÓRNEAS	
3000 € / 11000 €	PELOS	

Como puedes ver, tus riñones, tus ojos, tu corazón, tu cerebro y hasta los pelos de tus pestañas tienen un valor incalculable.

¿No crees que ya es hora de empezar a sentirte millonario con tu cuerpo y a apreciar y honrar tus órganos como se merecen? ¡Son **tu mayor tesoro**!

Veamos otro ejemplo. Seguro que te ha sucedido que te entra sed en un avión y pagas 6 euros por una botella de agua. Piensas que, si la hubieras comprado en el aeropuerto, hubieras pagado 5 euros, pero luego se te ocurre que en el minibar del hotel te hubiera costado 4, en el bar 3, en la máquina expendedora del bar 2, y en el supermercado 0,50 euros. La misma, mismísima botella con la misma composición. Hay personas que están dispuestas a pagar 6 euros por beber en un avión, mientras que otras no pagarán más de los 0,50 euros. Todo depende de lo que la valores.

Esto no solo ocurre con objetos, sino también con las personas, o incluso con las propias partes de tu cuerpo. Empiezas a salir con una persona y notas que cada vez le cuesta más contestar tus mensajes, no te corresponde en afectos o halagos, no te ayuda cuando lo necesitas y ni siquiera se alegra de tus éxitos. Sal corriendo, pues habrá miles de personas dispuestas a pagar por ti como pagas por la botella del avión.

Y este mismo razonamiento debes hacerlo siempre con todas y cada una de las partes de tu cuerpo. Levántate con **alegría y agradecimiento hacia tu milagro andante**.

¿Puedo vivir con un solo riñón?

Cada día, para sobrevivir, introducimos alimentos por nuestra boca y eliminamos los productos de desecho. Los restos de los alimentos no aprovechables salen en forma de heces a través del ano, proceso que hemos incluido en el aparato digestivo. Sin embargo, una vez que los nutrientes son absorbidos y metabolizados por las células de nuestro cuerpo, se producen una serie de **desechos tóxicos** que se vierten a la sangre; estos son **filtrados por los riñones** y eliminados por la **orina** a través del aparato excretor.

Si uno de los dos riñones falla, el otro aumenta su capacidad funcional para compensar las funciones del otro, de modo que es posible vivir una vida normal y saludable con un solo riñón. De hecho, la esperanza de vida en estos casos es similar a la de las personas con dos riñones funcionales.

No obstante, si los dos riñones fallan, las toxinas no pueden eliminarse del organismo y el paciente debe someterse bien a tratamiento de diálisis o bien a un trasplante de riñón para sobrevivir. La diálisis es un procedimiento médico por el que la sangre se extrae del organismo y pasa por un filtro o dializador, que elimina las toxinas acumuladas y el exceso de líquidos, devolviendo la sangre limpia al organismo. Se debe realizar 3 días a la semana en días alternos, en sesiones de 4 o 5 horas, bien en el centro médico o en casa.

¿Cómo puedo evitar que se formen piedras en el riñón?

Lo primero que debes hacer cuando compres una botella de agua es fijarte en su composición química y prestar atención a la tabla donde aparece un valor crucial: el **residuo seco**. El residuo seco es el resultado de la evaporación del agua y está formado por una gran variedad de minerales que se encuentran de forma natural en el agua y que dependen del manantial del que proviene. Muchos de estos minerales son necesarios para tu metabolismo. Sin embargo, un desequilibrio de estos minerales, junto con la acumulación de determinadas sustancias de desecho del metabolismo, puede causar **piedras en el riñón**.

Por este motivo, tanto los bebés, que tienen los riñones inmaduros, como las personas con retención de líquidos, hipertensión arterial, enfermedad renal o ancianos deben consumir **agua con mineralización muy débil**, es decir, con un residuo seco muy bajo. Al ingerir agua en grandes cantidades, unos 2 litros al día, es mejor que lleve el **menor residuo seco**.

Toda tu sangre pasa por tus **riñones** cada 5 minutos. El plasma de la sangre se filtra por unas estructuras llamadas **glomérulos**, ubicados en las **nefronas**, las unidades funcionales que componen el riñón. De los 180 litros de plasma que se filtran cada día en el glomérulo, 178,5 litros se reabsorben en los túbulos uriníferos de las nefronas, lo que deja un volumen final de orina de 1,5 litros. Prácticamente todo el plasma abandona la sangre para ser posteriormente devuelto a la circulación sanguínea en los riñones. Cualquier desequilibrio en esta reabsorción o fallo en las membranas de filtrado causa problemas en la eliminación de desechos y de agua del organismo, así como en la regulación del pH sanguíneo y la presión arterial.

Las piedras en los riñones se forman cuando hay poco líquido para eliminar los productos de desecho, con lo que las sustancias disueltas en la orina empiezan a concentrarse y cristalizarse, y dan lugar a pequeñas piedras. Su tamaño puede oscilar entre un grano de arena y una pelota de golf, siendo las primeras expulsadas fácilmente de forma involuntaria y sin causar daño. Las de un tamaño más grande pueden bloquear la salida de orina tanto a nivel de los riñones como de los uréteres, la vejiga o la uretra, y causan reflujo urinario y mucho dolor, siendo equiparable al dolor experimentado en el parto de un bebé.

Entre las posibles causas generales se encuentra beber poca agua, hacer mucho ejercicio a elevadas temperaturas, el sedentarismo o ingerir

comidas con mucho azúcar o sal. Dado que la composición de las piedras que se forman varía (hay piedras de oxalato de calcio, de ácido úrico,
de cistina, de estavudina -medicamento antiviral-, etc.) debido al tipo
de sustancias que predominan en la orina, las recomendaciones nutricionales serán diferentes. Por ejemplo, si las piedras son de ácido úrico,
hay que evitar los alimentos que aumenten el urato en orina, como los
mariscos, las carnes rojas o incluso las legumbres.

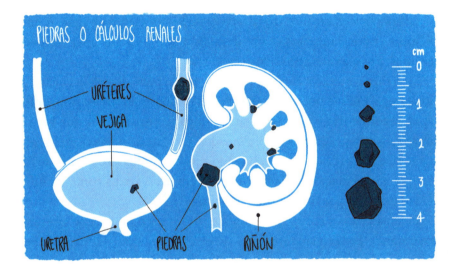

En general, lo mejor para gozar de una buena salud renal es no fumar, practicar ejercicio físico de forma regular, descansar bien, hidra-
tarse correctamente y llevar una dieta sana, evitando los embutidos, los
caldos precocinados, las bebidas envasadas azucaradas, el alcohol, los
encurtidos y las carnes rojas. Además, no deberíamos consumir un exceso de proteínas, ya que estas se eliminan a través de los riñones en
forma de urea, lo cual supone un sobreesfuerzo para los riñones. Según el «plato saludable» de Harvard, las proteínas no deben superar el
25 por ciento de la ingesta diaria y, a ser posible, proceder de alimentos
de origen vegetal.

¿El agua es buena para adelgazar?

El agua es el disolvente en el que tienen lugar todas las reacciones químicas de la vida. Es el principal componente de nuestro medio interno y posibilita no solo todas las reacciones químicas del cuerpo, sino la comunicación entre las diferentes partes del organismo. Además, mantiene la turgencia de nuestros tejidos y regula la temperatura corporal. Sin disolvente, no hay vida.

Cuando nacemos, nuestro cuerpo es un 85 por ciento de agua. A medida que envejecemos nos vamos deshidratando, llegando a ser en la vejez un 50 por ciento de nuestro peso.

Solo tienes que acordarte de lo pocha que se pone una planta cuando no se riega. Pues lo mismo le ocurre a tus células. Si es necesario, ponte algún recordatorio o alarma en tu móvil para asegurarte de que bebes los 8 vasos de agua diarios recomendados. Cuando la ingieras, piensa en cómo se están hidratando y volviendo turgentes todas las células de tu cuerpo, e imagínate creciendo y estirándote hacia arriba como un hilo tensor que pasa por tu columna y tu cabeza.

El agua ayuda a recuperar y reponer todos los líquidos que se están evaporando continuamente de tu superficie para mantener tu temperatura corporal y elimina los productos de desecho a través de los riñones. Además, contribuye a restaurar tu volumen sanguíneo, evitando así migrañas y cefaleas, mantiene la belleza de tu piel y reduce el estreñimiento, entre otras patologías.

Además, beber antes de las comidas llena tu estómago y hace que consumas menos alimentos, ya que aumenta la sensación de saciedad. ¡A beber se ha dicho!

¿Qué pasa si bebo agua de lluvia?

El agua de lluvia es agua destilada, es decir, agua que se condensa a partir del vapor de agua atmosférico y cae a la tierra. A pesar de su bajo contenido mineral, el agua de lluvia no haría estallar nuestras células, como siempre se ha dicho. Hoy en día se sabe que el agua o los líquidos que ingieres se mezclan con los alimentos, con tus fluidos intestinales y con la saliva, de tal forma que el agua pura destilada nunca llegará como tal al intestino para ser absorbida. De hecho, no solo obtenemos minerales del agua, sino que también nos los proporciona en gran medida los alimentos.

Otra historia es que el agua de lluvia arrastre gases, polvo, polen o microorganismos (bacterias, parásitos y virus), lo que no la hace tan idónea para su consumo humano sin antes pasar un control o proceso de potabilización.

¿Por qué cuando bebo alcohol me deshidrato?

«El que vino al mundo y no toma vino, ¿a qué vino?» Acompañar las comidas con una copita de vino o una cerveza es una tradición fuertemente intrincada en la dieta mediterránea. Su uso se justifica en algunos estudios, al observarse que reduce el riesgo de padecer enfermedades del corazón, siempre que se **consuma con moderación**.

Parte de sus beneficios radican en la presencia de vitaminas del grupo B en la cerveza, o antioxidantes como el resveratrol en el vino. Sin embargo, la existencia de alimentos que no contienen alcohol etílico y que son capaces de aportar estos mismos nutrientes ha propiciado que las guías oficiales de recomendación nutricional como el **plato de Harvard** no consideren las bebidas alcohólicas como una opción saludable.

El alcohol es una de las sustancias adictivas que más se consumen en el mundo. Se estima que cada año se producen unos 2,8 millones de fallecimientos atribuibles al alcohol, el equivalente a la mitad de la población madrileña. Su consumo ocupa **el primer puesto en la lista de factores de riesgo** de muerte prematura y enfermedad en personas de 15 a 49 años.

Es un fuerte depresor o inhibidor del sistema nervioso central, con lo cual bloquea parte de los mensajes que llegan o se generan en el cerebro, lo que altera la percepción, las emociones, los movimientos, la vista e incluso el oído de una persona. A medida que aumentan los niveles de alcohol en sangre, se puede experimentar desinhibición, euforia, dificultades en la pronunciación, deterioro motriz, confusión, estupor, coma, paro cardiorrespiratorio e incluso la muerte.

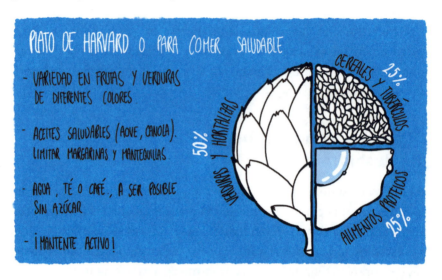

El primer órgano que se topa con el alcohol después de ser absorbido es el hígado, donde se detoxifica el 90 por ciento del alcohol, gracias a la acción de varias enzimas. El resto se metaboliza en los pulmones y los riñones. Personas con diferentes tipos (polimorfismos) de estas enzimas experimentan los efectos del alcohol de forma diferente; así, a algunos les da sueño, mientras que a otros les da euforia y desinhibición.

Uno de los efectos más comunes es la sensación de deshidratación y de elevación de la frecuencia urinaria. Esto se debe a que el alcohol anula la capacidad del cuerpo para regular la cantidad de agua en sangre, al inhibir la liberación de la **hormona antidiurética** (ADH, por sus siglas en inglés) o **vasopresina**. Esta hormona secretada por el cerebro controla la reabsorción de agua en los riñones, concentrando la orina y disminuyendo su volumen. Sin ella no se reabsorbe el agua filtrada en el glomérulo, con lo que se orina más y aparece la **deshidratación**.

Una secreción de orina excesiva produce también alteraciones en los minerales del cuerpo, como el sodio, el potasio, etc., que se manifiestan con síntomas como cansancio, debilidad, calambres musculares o fatiga, la gran temida **resaca**. Tanto la necesidad de ir al baño como la sensación de sed impiden un sueño reparador. De hecho, el consumo crónico de alcohol se asocia a más de 200 enfermedades, como gastritis, pancreatitis, enfermedad cardiovascular, cirrosis hepática, carcinoma hepatocelular o cáncer gástrico, entre otros.

Cuando nacemos, se nos da la chispa que mantendrá el fuego encendido. Para mantener las brasas solo hay que darles oxígeno y combustibles (nutrientes), los cuales deben estar en perfecto equilibrio para que estas aguanten mucho tiempo. Eres una incandescencia andante, puro fuego y pasión. ¡Larga vida a la llama sin alcohol!

CUARTA PARTE

¿SOLO la PUNTITA? Del ICEBERG lo QUIERO SABER TODO: RELACIÓN y REPRODUCCIÓN

Siempre me ha intrigado cómo las hembras consiguen retener a los machos después del apareamiento, ya que, evolutivamente, para el macho esto puede suponer una pérdida de posibilidades de transmitir su material genético. En la mayoría de los animales, son las hembras las que incuban los embriones y las que cargan con el peso de criarlos y protegerlos.

Ante mi inquisitiva curiosidad, decidí preguntar al alumnado de mis clases de Medicina: ¿Cómo pueden las hembras asegurarse de que los machos participan en la crianza de la camada? ¡Las respuestas fueron muy variopintas y curiosas! Oler bien, preparar buenas comidas, mantenerse guapas y un largo etcétera de cosas eran las que debían hacer las féminas para retener al susodicho.

En lo que concierne al apareamiento animal, les dije que el secreto consiste en… ¡esperar o negarse a tener sexo! Obviamente, los pingüinos, los cisnes o los caballitos de mar no tienen citas, ni beben champán, ni celebran los aniversarios, pero son fieles y tienen compañeros de por vida. Su larga longevidad conyugal radica en imponer un período prolongado de cortejo antes de copular.

Las hembras portan la mejor dote, un óvulo grande y nutritivo, con lo que una vez entregado al macho, poco se puede hacer. Durante el cortejo, las hembras seleccionan a aquellos machos capaces de ser pacientes, fieles y comprometidos; así, los aspirantes informales o poco insistentes quedan descartados. Además, les obligan a invertir en ellas, construyéndoles un nido o abasteciéndolas de suficiente comida. Los machos palidecen ante la mera posibilidad de empezar de nuevo. ¡Menudo esfuerzo!

Además, los cortejos o compromisos de larga duración también benefician al macho, ya que eliminan el peligro de ser engañado y tener que cuidar a los hijos de otro macho. Como animales que somos, llevamos impresos en nuestro inconsciente este tipo de comportamientos, con lo que solo nos queda ponerlos en práctica.

En la sociedad actual, tan exigente con lo inmediato, es difícil, y todo se vuelve volátil y superficial. Pero no hay que olvidar que **los hijos y las enfermedades** (sobre todo las de transmisión sexual) **se padecen de por vida**. ¡Así que cuida tu sexualidad; tu estabilidad mental te lo agradecerá!

En este bloque vamos a hablar de sexo; bueno, de los órganos, aparatos y sistemas que no solo intervienen en el acto sexual, sino que nos permiten reproducirnos y transmitir nuestros genes a la descendencia. El **sistema neurosensorial** nos permite identificar a las posibles parejas más compatibles con nuestra genética, así como responder al ambiente y sobrevivir. El **sistema inmunitario** nos ayuda a relacionarnos, evitando que los patógenos lleguen a producirnos daños. El **aparato locomotor** nos permite movernos y relacionarnos, no solo para escoger a la pareja idónea, sino para hacer posible el acto que nos llevará a concebir. Y ya por último, el **aparato reproductor** es la fábrica de nuestros «miniyó», que nos permite intercambiar nuestro material genético con nuestros equivalentes para engendrar vida.

✳ 𝟭𝟰 ✳

Acaríciame con tus ojos: sistema neurosensorial

Nuestro cuerpo está plagado de millones de receptores sensoriales. Lo que vemos en la superficie es solo la puntita de un iceberg de 150.000 kilómetros de nervios conectados y comunicados. Esta red informa al cerebro sobre las condiciones del entorno y del medio interno del organismo, proporcionándonos información clave para la supervivencia.

Cuando llegas a tu casa y abres la puerta, el olor a bizcocho de canela y limón llega a tu cerebro gracias a unos receptores especiales ubicados en la parte superior de tu cavidad nasal, los llamados «quimiorreceptores». Estas sustancias volátiles deben disolverse en el moco olfativo e interaccionar con los cilios, o pelos celulares, de estas células para iniciar un impulso nervioso que viaja por el nervio olfativo hacia el cerebro.

Es precisamente el cerebro el que determina qué estás oliendo. En el caso de que conozcas el olor, el cerebro debe recordar la información ya almacenada con anterioridad para identificarlo. En caso contrario debemos aportar información adicional procedente de otro sentido, como el gusto, la vista o el oído, para registrarlo por primera vez. Aún recuerdo la primera vez que olí el cilantro. ¡Seguro que tienes algún alimento cuyo olor recuerdas vívidamente!

El cerebro es el responsable de interpretar toda la información que llega por nuestros sentidos, así como de dotarla de significado. Una caricia de tu abuela te despierta ternura, mientras que una caricia de la persona que te gusta te incita pasión. Es el mismo hecho biológico, la estimulación de los mecanorreceptores de tu piel, pero la emoción es bien distinta. La información que llega de nuestros sentidos puede interpretarse de forma diferente, lo que resulta fascinante, ya que dota nuestra percepción de millones de matices.

Para más inri, hay personas que pueden experimentar los 5 sentidos de una forma diferente a la clásica, mediante la sinestesia. Durante mi posdoctorado en la Universidad Queen Mary de Londres, conocí a mucha gente interesante de todo el mundo, con muchísimas circunstancias personales diferentes. Los días en el laboratorio eran largos e intensos, pero el poco tiempo libre que tenía lo aprovechaba para hacer deporte. Y aunque estuviera en el Reino Unido, la rutina después del trabajo no era tomar una cerveza en el pub, sino sesiones de *running* grupal. Nos distraíamos, pero cuidándonos. A estas sesiones venía un chico con sinestesia. Escuchaba nuestra voz en forma de colores. La mía era naranja. ¡Flipante, igual ya había notado mis orígenes mediterráneos!

Las personas sinestésicas perciben los estímulos como cualquier otra persona (es decir, los sonidos suenan, las imágenes se ven, etc.), pero, además, pueden percibir un atributo sensorial añadido de forma automática e involuntaria, como añadir un color a un sonido, o asociar letras o palabras con formas geométricas. Los estudios genéticos apuntan a que los genes implicados se relacionan con mecanismos de conectividad cerebral, lo que supone la existencia de diferencias neurofisiológicas en el cerebro de personas que experimentan esta dimensionalidad extra.

Y es que el tacto, el gusto, el olfato, la vista y el oído son unos sentidos complejísimos cuya fisiología está perfectamente articulada para que no falle ninguna de las piezas. ¡Es alucinante que respondan hasta nuestra vejez de forma más o menos íntegra!

¿Por qué cuando olemos limón nos sentimos más delgados?

El olfato es un órgano que está en declive en nuestra especie, ya que cada vez más genes responsables de percibir los olores sufren mutaciones que los inutilizan. Sin embargo, su importancia es crucial y su capacidad para evocar recuerdos es inigualable. Sus conexiones con la amígdala, la responsable del procesamiento de las emociones, y con el hipocampo, un área especializada en la memoria, hacen que los olores evoquen recuerdos antiguos y ligados a las emociones. El olor de las papelerías siempre me retrotrae a la infancia, ¿no te pasa?

¿Piensas que es casualidad que la mayoría de los cosméticos y perfumes se formulen con aromas cítricos? Los científicos han comprobado que los olores pueden modificar cómo nos sentimos. Un estudio demostró que el olor a limón consigue que nos sintamos ligeros, mientras que el olor a vainilla logra el efecto opuesto. De este modo, la esencia de limón combinada con sonidos de pasos ligeros hacía que los participantes del estudio caminasen con agilidad, mientras que el olor a vainilla junto con sonidos de pasos graves ralentizaba el ritmo, aunque no de forma tan marcada. Los participantes del primer grupo incluso afirmaban sentirse menos cansados y más felices. ¿Te imaginas unos zapatos con olor a cítrico y sonidos de pasos ligeros?

¿Existen las feromonas?

¿Son las feromonas responsables de la atracción sexual? Esta sigue siendo una cuestión controvertida. Lo que sí está claro es que el olor natural de algunas personas nos parece muy atrayente y el de otras nos repele. A un nivel inconsciente, el olor natural participa en la selección de la mejor pareja para reproducirnos. Buscamos parejas cuyo «complejo mayor de histocompatibilidad» (una molécula implicada en el reconocimiento inmunitario) sea lo suficientemente diferente, pero a la vez medianamente similar, como para conseguir que haya compatibilidad y una descendencia con un sistema inmunitario robusto.

Las feromonas son unas sustancias químicas capaces de producir cambios en el comportamiento de miembros de una misma especie. Se detectan en el sistema vomeronasal, localizado en la cavidad nasal, cerca del olfato, y la mayoría de ellas cumple funciones reproductivas y de preservación. Por ejemplo, los cerdos segregan androstenona, una feromona que induce a las cerdas a curvar su espalda (lordosis) durante su período de celo para favorecer el apareamiento. Este conocimiento se aprovecha para la inseminación artificial en la especie porcina.

Las feromonas en los seres humanos pueden estar presentes en secreciones corporales como las urogenitales (orina, semen o secreciones vaginales), la leche materna, la saliva o el sudor axilar. Estas secreciones son inodoras, pero su interacción con la microflora bacteriana cutánea puede dotarlas de olor. Un ejemplo de feromonas humanas son las liberadas por las glándulas de la areola del pezón de la madre, las cuales hacen que el bebé saque la lengua y empiece a succionar el pezón para extraer la leche.

Un claro experimento que muestra la función genética del olfato para fomentar la variabilidad de la especie es el siguiente: se expuso a 4 chicas a oler camisetas sudadas de varios chicos y tenían que darles una puntuación según su grado de atractivo. Dos de ellas, en fase de ovulación, percibieron los olores como muy agradables, mientras que las otras dos, en fase de menstruación, los percibieron en general como desagradables. Lo más curioso fue que solo una de ellas dio 0 puntos a una camiseta en concreto valorada por sus compañeras como agradable. Ella no lo sabía, pero aquella camiseta era de su hermano.

Estos niveles de atracción tan bajos hacia unos olores reconocidos por nuestro inconsciente como inmunológicamente similares darían una progenie con defectos genéticos, lo cual muestra la utilidad de nuestro olfato y de las feromonas para asegurar una progenie con inmunidad fuerte. Así, no es extraño que las nuevas aplicaciones para ligar por internet manden a posibles pretendientes trozos de camisetas usadas durante «tres días y tres noches, sin ducharse, ni usar desodorantes». Cuando ambos candidatos escogen mutuamente sus camisetas entre el repertorio, se concierta la cita. Nadie asegura que todo fluya, pero al menos la compatibilidad olfativa está asegurada.

Hasta las lágrimas contienen sustancias que pueden afectar a nuestros congéneres. Un estudio publicado en la revista *Science* documentó que después de oler lágrimas de mujer, los hombres heterosexuales tenían menores niveles de libido y de impulso sexual.

¡Fíate de tu olfato y asegúrate de exponer tus feromonas, haciendo deporte o no lavándote en exceso, para que la selección natural juegue a tu favor en la elección de la mejor pareja!

¿Por qué nos engañan nuestros ojos?

Tus ojos son como una cámara fotográfica de 576 megapíxeles, cuya imagen se imprime e interpreta en el cerebro. De hecho, esta combinación ojo/cerebro es la que aprovechan los artistas para crear arte e ilusiones visuales.

La permanencia de la imagen en la retina ha permitido la aparición del cine. El médico y físico inglés Peter Mark Roget descubrió que pasando una secuencia de 24 a 36 imágenes por segundo, el ojo dejaba de ver cada fotograma por separado y veía movimiento, lo cual convirtió el cine en una bonita ilusión.

Esta misma propiedad se usa en marketing para incluir imágenes subliminales que pueden afectar a nuestro comportamiento. Aunque nuestros ojos no sean capaces de percibirlas, sí afectan a nuestro inconsciente. La publicidad subliminal se remonta a 1957, cuando el dueño de un teatro de Estados Unidos proyectó de forma subliminal durante 0,3 milisegundos la frase «tome Coca-Cola» sobre la cara de una conocida actriz durante la proyección de una película. El resultado fue un incremento de un 58 por ciento de las ventas de ese refresco. En el año 1988 se prohibió en España a través de la Ley General de Publicidad, definiéndola como ilícita, al ser emitida con estímulos en el umbral de la sensibilidad que no es conscientemente percibida.

También la magia existe por nuestra capacidad de focalizar y prestar atención a determinados movimientos u objetos. Los magos lo saben bien, y para crear sus trucos e ilusiones siempre te hacen mirar hacia donde no se esconde la maniobra de la triquiñuela.

¿Por qué un miope necesitará gafas de presbicia más tarde?

Nuestros ojos requieren una anatomía y un funcionamiento perfectos para ver imágenes nítidas. Cualquier alteración en alguna de sus partes o tamaño causa anomalías visuales, como miopía, hipermetropía, astigmatismo, vista cansada (presbicia), daltonismo, ojo seco, etc. El globo ocular está constituido por una esfera de unos 8 gramos cuyas paredes están formadas por 3 membranas que lo protegen: la esclerótica, la coroides y la retina. Estas albergan varios medios transparentes, como la córnea, el humor acuoso, el cristalino y el humor vítreo.

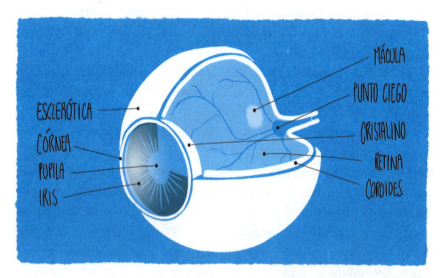

Los rayos de luz atraviesan todas estas estructuras transparentes para enfocarse en la retina, donde estimularán a los fotorreceptores, que enviarán impulsos nerviosos a través de varias neuronas hacia el área visual del cerebro donde las imágenes se proyectan invertidas y en el lado opuesto. El cerebro orienta la imagen a su posición correcta en el espacio. De hecho, es la propia disposición de las fibras nerviosas que salen de la retina la que causa el famoso «punto ciego», una zona del campo visual donde no hay fotorreceptores y, por tanto, no se recibe señal visual.

Los globos oculares muy grandes o las curvaturas de córnea muy potentes dan lugar a ojos **miopes**, que focalizan las imágenes lejanas antes de la retina y por eso las ven borrosas; sin embargo, los objetos cercanos se ven nítidamente. A la inversa, los ojos pequeños o las córneas menos curvadas dan lugar a ojos **hipermétropes**, los cuales hacen converger los rayos después de la retina y, por tanto, requieren la acción del cristalino para ubicarlos adecuadamente. El cristalino es una lente intraocular que nos permite aumentar la convergencia de los rayos, haciendo que estos caigan en la retina (el punto focal), con lo que los hipermétropes pueden ver bien sin necesidad de usar gafas cuando observan objetos lejanos.

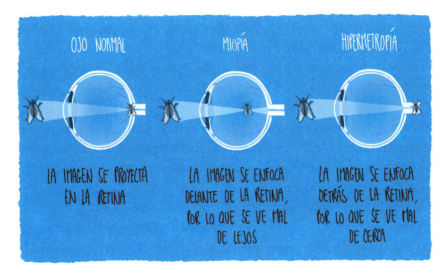

OJO NORMAL · MIOPÍA · HIPERMETROPÍA

LA IMAGEN SE PROYECTA EN LA RETINA

LA IMAGEN SE ENFOCA DELANTE DE LA RETINA, POR LO QUE SE VE MAL DE LEJOS

LA IMAGEN SE ENFOCA DETRÁS DE LA RETINA, POR LO QUE SE VE MAL DE CERCA

Sin embargo, con la edad, **el cristalino** pierde inevitablemente su capacidad de enfoque y, por tanto, de converger los rayos, lo cual da lugar a la **presbicia**. Esta se empieza a sufrir a partir de los 40-45 años de edad, cuando los objetos que están próximos dejan de verse nítidos. Puede detectarse de forma informal por el «síndrome del brazo largo que no da más de sí». Los miopes de cualquier edad —sin gafas, es decir, sin la corrección óptica— no tienen este problema, ya que el punto focal de los objetos cercanos cae sobre la retina sin necesidad de usar el cristalino, de modo que no es necesario alejar el objeto para verlo nítido. Otro defecto que puede sufrir el cristalino es perder su transparencia a causa del deterioro de sus proteínas; eso hace que la lente se pueda ir opacificando (las famosas «cataratas»).

¡Qué gran regalo recibimos todos los días cuando nos levantamos y podemos ver nítido!

¿Encestaré si cierro un ojo?

¡Seguramente no! Cerrar o guiñar un ojo de forma voluntaria es un gesto que puede significar amor, atracción sexual, amistad o incluso mera complicidad. Sin embargo, si lo que pretendes es encestar, literalmente hablando, debes tener ambos ojos abiertos. Esto es aplicable a cualquier deporte donde la puntería desempeña un papel esencial: tenis, fútbol, golf, caza, tiro con arco, etc.

La **visión binocular** se obtiene al fusionar la imagen que obtenemos de cada uno de los dos ojos y nos da información sobre la **profundidad de campo y el espacio tridimensional**. Esta fusión o solapamiento de las imágenes ocurre gracias a un atributo de la percepción visual llamado **estereopsis**. De hecho, si cierras un ojo, te darás cuenta de que la imagen de un solo ojo es una imagen plana, sin apenas percepción de volumen ni distancias.

Esto lo sabe bien la naturaleza. De ahí que los animales que son **cazadores o depredadores** hayan evolucionado para tener los dos ojos en el plano frontal y, por tanto, una **visión binocular**. Así se consigue la **máxima precisión** en las capturas y en el cálculo de las distancias que hay que correr. En cambio, los animales que son principalmente **presas** tienen los dos ojos separados para poder tener una mayor **amplitud del campo** en caso de que se acerque un depredador por un lateral, lo que perjudica la estimación de la profundidad del campo.

Por motivos similares, los depredadores suelen exhibir pupilas alargadas en vertical para juzgar la distancia exacta hasta sus capturas. Por su parte, los animales de presa o vegetarianos tienen pupilas alargadas en horizontal para aumentar su campo de visión y poder escapar.

¿Te has fijado en la típica mirada de un miope que está intentando ver algo a lo lejos? Guiñará o entrecerrará sus ojos para aumentar su agudeza visual y ver el objeto enfocado. Al disminuir la cantidad de luz y de rayos periféricos que le llegan, puede formar una imagen más nítida sobre la retina. Si eres miope y te has dejado las gafas, siempre puedes hacer un circulito muy pequeño con tus dedos y mirar a través de él. ¿Mejora la nitidez?

¿Cómo se establecen los ritmos circadianos de los ciegos?

Los ritmos circadianos son cambios internos que experimenta el cuerpo en ciclos de 24 horas. La palabra «circadiano» proviene de las palabras latinas *circa* (alrededor) y *diem* (día). Estos ritmos son importantes porque determinan nuestros patrones de sueño y alimentación, así como la actividad de todos los ejes hormonales, la regeneración celular y la actividad cerebral, entre otras funciones. Están controlados por una región del cerebro llamada «hipotálamo», que constituye nuestro reloj biológico interno y se sincroniza gracias a la luz que recibimos por nuestra retina.

Las señales de este reloj biológico viajan a diferentes regiones del cerebro cuya actividad también es sensible a la luz, como la glándula pineal. En respuesta a la oscuridad, esta glándula del tamaño de un grano de arroz produce melatonina, una hormona esencial para dormir.

En las personas totalmente ciegas, este reloj no se regula con los ciclos de luz y oscuridad. A pesar de la exposición a señales sociales regulares y de horarios de comida y sueño estrictos, sus biorritmos están alterados, de forma que sufren episodios de insomnio nocturno o hipersomnolencia diurna. La melatonina en suplementos a dosis bajas ha demostrado ser muy eficaz para restablecer su reloj biológico.

Sin embargo, hay algunos tipos de cegueras en que la detección de luz es posible, aunque sea de forma inconsciente, gracias a las neuronas ganglionares ubicadas cerca de los fotorreceptores retinianos. En estos casos, los biorritmos siguen su curso normal, ya que los ciclos de luz-oscuridad se detectan inconscientemente.

La industria ya se ha hecho eco de la importancia de la **luminosidad** en nuestro entorno para **activar los biorritmos** matutinos, con lo que se han desarrollado lámparas de luz que ayudan a favorecer la detección de luz (en las personas con ceguera parcial), pero también mejoran el humor y «despiertan» a los videntes. La jornada se empieza diferente si amaneces con un despertador que simula el alba y los pajaritos, ¿no?

¿Pueden mis sentidos evitar que tenga un ataque de ansiedad?

La ansiedad es una emoción normal que se experimenta en situaciones de amenaza o peligro real o imaginario. El principal responsable de la aparición de los síntomas de ansiedad es el sistema nervioso simpático, el que te permite «luchar o huir». En nuestro día a día existen muchas situaciones que pueden aumentar nuestro miedo o ansiedad, pero hay determinados estímulos en los que la respuesta simpática se desboca y, en consecuencia, se produce un **ataque de ansiedad**.

Este ataque de ansiedad supone una avalancha súbita de profundo malestar que en pocos minutos alcanza su máxima intensidad: sensación de falta de aire, palpitaciones, presión en el pecho, nerviosismo, mareo y miedo a perder el control o incluso morir. Algunas personas lo describen como un ataque al corazón. Dura de 10 a 45 minutos y, al finalizar, la persona suele regresar al estado de calma o mantenerse en un nivel moderado de ansiedad.

La mayoría de las veces, el desencadenante es una situación imaginada por nuestro cerebro que en realidad no ocurrirá. El cerebro es una herramienta muy potente y útil para hacer cálculos, estudiar y memorizar datos, analizar patrones, crear e imaginar arte, recordar historias de nuestra adolescencia o planificar qué comeremos esta noche. Pero hay muchos momentos a lo largo del día en los que debemos hacerlo callar. Eckhart Tolle lo explica bien en *El poder del ahora*: el constante parloteo de nuestro cerebro nos hace distraernos del presente, ese regalo que recibimos todos los días y en el que podemos experimentar y vivir. El pasado o futuro son como la luz de la luna, no tienen luz propia, solo suponen un reflejo de la luz del sol.

Por tanto, estar presentes y ser conscientes de la información que llega de nuestros sentidos, lo que se conoce como mindfulness o atención plena, nos ancla al presente y puede evitar estas temidas crisis de ansiedad. De hecho, lo ideal es transmitir al sistema nervioso la sensación de que no corremos peligro con la información que nos llega de nuestros sentidos. Esto se puede resumir con la regla de VOT: Vista, Oído, Tacto, que consiste en lo siguiente:

1. **Vista.** Observa tu alrededor y selecciona 3 objetos para analizar: cómo están hechos, de dónde vienen, por qué están ahí. Recréate en ellos.
2. **Oído**. Identifica 2 sonidos que puedas escuchar en este momento: teclas de ordenador, un pajarillo, una puerta, un coche, etc. Estudia y analiza si aumentan, desaparecen o se mezclan.
3. **Tacto.** Encuentra algo que tocar y fíjate en cómo lo tocas, la presión, la temperatura, la textura y cualquier característica puede ser útil para ir acallando al sistema nervioso simpático.

También puedes usar el olfato o el gusto, aunque esto puede ser más difícil si te pilla en el ascensor, la ducha o el coche. También podemos aumentar la estimulación parasimpática o vagal (he detallado actividades que estimulan el nervio vago en el bloque del sistema nervioso). Como puedes ver, todo se centra en desbloquear patrones negativos de pensamiento que buscan adueñarse de tu mente. Así que la próxima vez que veas asomar la ansiedad, dile que tú estás en el presente y en lo que te ofrece. ¡*Bye, bye, darling*!

¿Por qué es tan importante el contacto físico en las relaciones humanas?

El **tacto** es nuestra primera forma de relacionarnos. Los bebés anhelan el contacto físico, ya que llevan impresos en sus genes que este favorece la supervivencia. En la prehistoria, cuando los humanos se asociaron en poblados y tribus nómadas, había que transportar a los bebés con sus madres. Si los bebés se despegaban y no reclamaban la atención de sus padres, lo más probable era que se cerniera algún peligro sobre ellos: depredadores, fenómenos naturales, hambruna, etc. Los niños que más contacto demandaban y que lloraban a la mínima podían ser localizados rápidamente y protegidos por sus padres frente a estos peligros. Evolutivamente, estos comportamientos dependientes en los bebés fueron perpetuados, ya que mejoraban la supervivencia de las crías.

No te extrañes si tu bebé pide bracitos, pues son años y años de selección natural los que favorecen este comportamiento. El **contacto físico ayuda** a los recién nacidos a regular su temperatura corporal, su frecuencia cardíaca y sus niveles de azúcar. De este modo, cualquier situación o estímulo que lleve al bebé a recordar el placer y la seguridad del vientre materno lo calmará: ruidos blancos, sentirse envuelto, apretadito, calentito, etc. Por eso se da a los bebés toques suaves en el culete o la espalda para tranquilizarlos, ya que simula los latidos de la mamá en el vientre materno. A posteriori, el contacto es absolutamente esencial para una correcta maduración de su sistema nervioso y de su autoestima.

En los adultos, el contacto es fundamental para sentirnos queridos y felices. Así, una dosis diaria de abrazos eleva nuestra oxitocina, dándonos paz y sentido de pertenencia. Si el mundo se acabara mañana, ¿a quién abrazarías con todas tus fuerzas hoy?

En el ámbito fisiológico, el sentido del tacto está sobrerrepresentado en el cerebro, lo que significa que ocupa un área mayor que otros sentidos en la corteza cerebral. Además, la proporción de **receptores sensoriales** en cada una de las partes del cuerpo es desigual. Dicha distribución se representa tridimensionalmente en el **homúnculo sensorial de Penfield**, que es una representación del cuerpo en el cerebro. En él se puede observar cómo los dedos de las manos, la lengua y los labios se dibujan a mayor tamaño, por lo que aparecen engrandecidos por la gran densidad de receptores sensoriales que poseen.

En el **homúnculo motor**, aquel que presenta la distribución de nervios efectores (o activadores de los músculos o glándulas), también son más representativas las zonas que requieren un control motor sofisticado. Ambos hombrecitos tienen una espalda y unas piernas pequeñas, ya que recogen poca información sensorial y reciben órdenes motoras poco refinadas, con lo que su representación es enana, a pesar de su gran tamaño. El mejor truco para distinguir el homúnculo motor del sensorial es fijarse en los genitales. ¡Mientras el motor es un eunuco, ya que

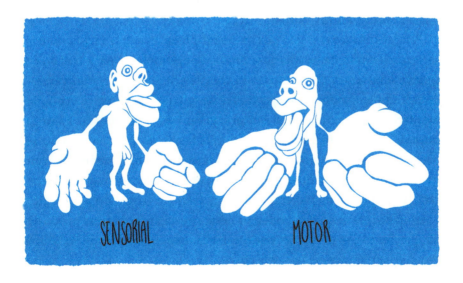

SENSORIAL   MOTOR

se pueden hacer pocos movimientos voluntarios con el miembro viril, ¡el sensorial es «superdotado»!

Estos **receptores sensoriales** pueden ser de presión (mecanorreceptores), de dolor (nociceptores) y de temperatura (termorreceptores). Así, las distintas temperaturas se discriminan mediante termorreceptores de frío, calor y dolor. Los receptores del dolor solo se estimulan si las temperaturas son extremas, de frío gélido o de calor abrasador, percibiéndose como dolorosas. Además, estos receptores no se adaptan al estímulo, lo que tiene una clara ventaja evolutiva para evitar el daño de los tejidos. Asimismo, nuestro cuerpo es capaz de traducir cualquier cantidad de presión sobre nuestra piel en impulsos eléctricos, lo que supone transformar un estímulo mecánico en eléctrico e integrarlo en nuestro cerebro para ajustarnos al medio.

No es de extrañar que los científicos del Instituto Karolinska de Estocolmo hayan otorgado el Premio Nobel de Medicina y Fisiología de 2021 a los científicos David Julius y Ardem Patapoutian, por el descubrimiento de los receptores de temperatura y de presión. Unos auténticos genios que usaron para sus experimentos capsaicina (el químico de las guindillas) y mentol, para generar calor y frío, respectivamente. Fueron los primeros en identificar los sensores que transforman la presión (un estímulo físico) en corrientes eléctricas, como si se tratara de una auténtica central hidroeléctrica.

Además, el tacto no solo nos hace sentir bien, sino que incluso puede ser usado como una terapia alternativa. Por ejemplo, el *reiki*, basado en tocar o «imponer» las manos para transferir una «energía universal», se está implantando cada vez en más hospitales como terapia complementaria en tratamientos de cáncer o enfermedades crónicas. Tanto la imposición de las manos como el simple hecho de que una persona se preocupe por ti e intente curarte producen un efecto terapéutico. Aunque solo funcione como efecto placebo, es decir, como un efecto de curación que producen las terapias de sanación por sugestión psicológica, ya es un beneficio que no podemos desaprovechar. Yo misma puedo decir que, junto con el reposo, pude notar los beneficios del *reiki* ante una fascitis plantar que me impedía correr.

¿Por qué nuestros dedos se arrugan para adaptarse como las ruedas de los coches de Fórmula 1 al agua?

Los ingenieros de Fórmula 1 estudian aerodinámica y aeronáutica para aprender, entre otras cosas, cómo diseñar u optimizar los patrones de las ruedas de los neumáticos según las condiciones de la pista. Así, en caso de lluvia, deben favorecer el drenaje de agua por las grietas, evitar el *aquaplaning* y mantener la temperatura de las gomas. Gracias a estos dibujos o patrones se evacúan hasta 30 litros de agua por segundo a 300 km/h. ¡Alucinante!

¡Tú has nacido con esta adaptación tan maravillosa! ¡Olé! Te llevas la medalla a los dedos más arrugados de la piscina. Es una adaptación evolutiva a la humedad de las zonas de piel sin vello, como las palmas de las manos o los pies. Estas áreas corporales participan en nuestro agarre a las superficies, con lo que las arrugas mejoran la adhesión a la vez que dejan escapar el agua.

¿Es verdad que noto el sabor dulce en la puntita de la lengua?

Sobre gustos no hay nada escrito. El gusto para vestir o elegir pareja es algo muy personal, pero cuando hablamos de sabores, estos son universales: dulce, salado, amargo, ácido o *umami* («sabroso» en japonés). Este último fue descubierto recientemente y se debe al glutamato, un aminoácido que liberan ciertos alimentos como los espárragos, los tomates, las anchoas, las carnes y los quesos curados, etc. Los sabores salado, dulce y *umami* se asocian inconscientemente a alimentos sanos y apetitosos, mientras que los sabores amargo y ácido suelen avisarnos o despertarnos, ya que nos alertan de sustancias que pueden resultar nocivas.

El sabor de un alimento es la impresión que causa debido a la combinación del gusto (20 por ciento) y del olfato (80 por ciento), aunque también influyen en menor medida muchos otros factores. Tradicionalmente, se pensaba que cada sabor era detectado en una parte de la lengua. Sin embargo, hoy en día se sabe que todos los sabores pueden ser detectados en todas las papilas gustativas de la lengua y el paladar.

Así, los alimentos se disuelven primero en la saliva, para luego penetrar por unos poros donde están los filamentos de las células nerviosas de los botones gustativos. Estos se activan en respuesta a las sustancias químicas de los alimentos, lo cual genera un impulso nervioso que llega al cerebro y se transforma en una sensación: **el sabor**. Además del efecto químico, existen otras propiedades del alimento que serán detectadas por otros receptores, como son su tamaño, textura, consistencia y temperatura. Todo esto, junto con el cubierto con el que se come, el ambiente e incluso la disposición de los alimentos en el plato, contribuirá a la sensación final de sabor.

Por tanto, cuando saboreas esa tarta de chocolate de tu abuela, el componente olfativo es casi siempre más importante que el gustativo. Cuando padeces congestión nasal, se dejan de percibir los sabores, ya que, en realidad, olemos 2 veces: la primera por la nariz, cuando te acercas el alimento a la boca, y la segunda cuando te metes el bocado y comienzas a masticar. Esta segunda vez, los aromas se perciben en la mucosa olfativa a través de la parte posterior de la garganta.

El gusto, al igual que el olfato, presenta adaptación, lo que significa que, después de un tiempo, un mismo sabor deja de percibirse o incluso disminuye su intensidad. En este sentido se piensa que las personas obesas presentan alteraciones del gusto en las que se pierde la sensibilidad a los sabores dulces. ¿No has comprobado que cuando llevas mucho tiempo sin comer algo y lo pruebas de nuevo, te sabe a gloria y tiene el sabor más intenso? ¡Ayuna en sabores y los disfrutarás el doble!

¿Hay equivalentes de papilas gustativas en los testículos?

Sí, ¡vaya que sí! Y en las patas, como en el caso de las moscas. Aunque suene a chiste, ¡es real!

Un estudio científico descubrió que los testículos tienen unas proteínas que normalmente forman parte de las papilas gustativas, y aunque se ha visto que son incapaces de detectar sabores, sí que son necesarias para la producción de esperma funcional.

En los experimentos en ratones en que se bloquean estos receptores proteicos o se les da alguna sustancia que impide su funcionamiento, los ratones macho se vuelven infértiles. Tener solo una de las proteínas aún permite a estos roedores reproducirse, pero si faltan ambas, el esperma es muy lento y los testículos presentan malformaciones. Aunque se necesita mucha más investigación al respecto, estos hallazgos preliminares podrían allanar el camino hacia el estudio de la infertilidad o incluso de una píldora anticonceptiva masculina. ¡Ya era hora!

¿Qué puedo hacer para mejorar mi equilibrio?

Seguro que jugando al «teléfono loco» te has echado más de una risa. Unas veces es el cosquilleo de los susurros en la oreja y otras es el resultado final del juego: ¡Cualquier similitud con el mensaje original es pura coincidencia!

Al tirar una piedra al agua, ¿te has fijado en las ondas superficiales que se dispersan en círculos? Así se propagan las ondas sonoras sobre medios materiales, haciendo vibrar el aire a 340 m/s.

Estas ondas sonoras viajan desde el **oído externo**, pasando por el canal auditivo, hasta el tímpano, una membrana flexible que vibra. A su vez, esto hace que los tres huesecillos del **oído medio** (martillo, yunque y estribo) se muevan y transmitan estas vibraciones al fluido de la cóclea en el **oído interno**, donde estimulan a miles de células ciliadas. Estas vibraciones generan impulsos eléctricos que llegan al nervio auditivo y de aquí a la corteza cerebral auditiva.

Gracias al oído escuchamos sonidos, pero también mantenemos **el equilibrio**. El sistema vestibular, situado en el oído interno, es el encargado de coordinar el equilibrio. Por ese motivo, la mayoría de los vértigos tienen su origen aquí. Sin embargo, hay personas que aquejan vértigo o mareos sin tener una causa auditiva y, como anatómicamente no es sencillo ni inmediato de diagnosticar, muchos médicos acaban prescribiendo antidepresivos. Conozco varios casos de personas en los que se diagnosticó un trastorno depresivo y finalmente se descubrió, consultando a especialistas de diferentes áreas, un simple bruxismo, unas gafas mal ajustadas o una diadema muy apretada.

Dado que el oído se ubica en las proximidades de la articulación temporomandibular, el estrés puede manifestarse en forma de bruxismo nocturno, lo cual causa una disfunción en esta articulación, a la vez que mareos. Llevar una diadema apretada, unas gafas mal ajustadas o incluso el pelo muy tirante durante mucho tiempo también pueden afectar por compresión a los vasos sanguíneos locales. La compactación desigual o asimétrica de las vértebras cervicales ocasionadas por malas posturas o tensiones podrían ser otro factor que afecte a nuestra sensación de estabilidad.

Para no marearte, asegúrate de liberarte del estrés, de conservar la zona de las orejas y el lóbulo temporal sin presiones y de mantenerte bien estirado. Otros trucos que puedes usar para mejorar el equilibrio y evitar caídas:

1. Hacer el flamenco de vez en cuando, lo que supone mantenerse en posición vertical sobre una pierna.
2. Subir escalones cada vez con una pierna diferente.
3. Usar pelotas de equilibrio que obliguen a entrenar esta sensación.

¡Acuérdate que mirar a un punto fijo aumenta tu estabilidad!

¿Por qué tengo un pitido constante en el oído?

¿No te ha pasado que después de un concierto o de una noche en la discoteca te acuestas con zumbidos en los oídos? Esto se debe a la exposición a sonidos fuertes, que hacen vibrar temporalmente en exceso a los cilios de las células encargadas de generar el impulso eléctrico. Sin embargo, una exposición más prolongada o crónica a ruidos fuertes o golpes que lleven a una disfunción de cualquiera de las partes del oído pueden dar lugar al desarrollo de este zumbido interno o acúfeno permanente.

Estudios recientes apuntan a que podría tratarse de un mecanismo protector que se activa para que la cóclea funcione de forma normal cuando está expuesta a mucho ruido, causando una reducción temporal de la sensibilidad auditiva.

Otras causas de acúfenos pueden ser los cambios en la forma en que la sangre se mueve a través de los vasos sanguíneos cercanos; problemas con la articulación del hueso de la mandíbula (articulación temporo-mandibular); así como problemas en cómo el cerebro procesa sonidos. Según la fuente causante de la disfunción, se aplicará un tratamiento u otro.

Ya sabes que, si te vas de concierto o trabajas en ambientes muy ruidosos, no estaría de más llevar unos tapones protectores que te permitan oír pero que le quiten decibelios al sonido.

✳ 𝟙𝟓 ✳

Lucharé por ti hasta el fin de mis días: sistema inmunitario

¡Enhorabuena, un gran batallón se despliega por todos los rincones de tu cuerpo para mantenerte sano! Patrullan, identifican a los malos y van a por ellos en un combate a vida o muerte. ¡Indescriptible!

Los patógenos enemigos pueden entrar por diferentes vías: a través de la ingestión en el sistema digestivo (salmonelosis); con nuestra respiración al inhalar (COVID-19); a través de un corte en la piel (infecciones de la piel por estreptococos); o incluso a través del sistema urogenital al tener malas prácticas de higiene, como limpiarse de atrás hacia delante (cistitis por estafilococos). Los patógenos contienen unas determinadas proteínas que son reconocidas como extrañas por nuestro cuerpo y que se denominan «antígenos» (de ahí que el test de antígenos detecte la presencia de patógenos en nuestras secreciones mucosas o salivares).

¿Cómo me protege mi sistema inmunitario?

La primera línea de defensa del sistema inmunitario son la piel y las mucosas. En estos tejidos hay células que están vigilando, **las células presentadoras de antígenos** (APC, por sus siglas en inglés), unos detectores de espías y malhechores que ingieren estos patógenos (los fagocitan) y los exponen en su superficie celular.

También contamos con armas químicas, entre las que figuran proteínas defensivas como **la lisozima**, o **anticuerpos** como la inmunoglobulina IgA, que destruyen y bloquean algunos de estos patógenos. De hecho, estas «armas» se transfieren con la leche materna al bebé y le protegen frente a enfermedades.

Además, hay destructores de acechantes, los llamados «**fagocitos**», e infraestructuras militares de respuesta rápida como la **inflamación**. Con la inflamación se consigue priorizar el flujo sanguíneo a la zona para llevar refuerzos de guerra, entre los que están glóbulos blancos como los **neutrófilos**. Todas estas tropas patrullan día y noche de forma innata por todo tu cuerpo en busca de invasores y constituyen el **sistema inmunitario innato**.

A continuación, si las APC han identificado a un intruso posiblemente peligroso, después de fagocitarlo emigran por el tejido linfático al ganglio más cercano. El **sistema linfático** cuenta con un sistema de vasos linfáticos (autopistas) y de ganglios linfáticos (estaciones de servicio) propios, donde se congregan los linfocitos a la espera de que una APC les presente una proteína extraña complementaria que los active de forma específica. Los linfocitos constituyen lo que se conoce como **inmunidad específica o adaptativa**, la cual diseña y optimiza sus armas de forma particular para cada patógeno.

Se denomina «adaptativa» porque se va elaborando a medida que estamos expuestos a diferentes microbios, y cambia a lo largo de la vida. Además, este tipo de inmunidad cuenta con una memoria indescriptible que recuerda a los patógenos incluso años después de haberse encontrado con ellos. Las **células de memoria** son la razón por la que muchas enfermedades solo se padecen una vez, y la principal ventaja de conseguir inmunidad a una enfermedad a través de las **vacunas**.

¿Te has preguntado por qué aumenta el tamaño de tus ganglios de la garganta cuanto te resfrías? Se debe a la activación de un clon de linfocitos con su antígeno (o patógeno) complementario, el cual desencadena su multiplicación y proliferación. Esto a su vez genera un aumento del tamaño físico del ganglio. Una vez multiplicados y activados de forma específica, estos linfocitos migran bien a través del sistema linfático o sanguíneo, al foco de la infección para acabar con el patógeno. Si un linfocito no encuentra su proteína complementaria, muere al poco tiempo de forma natural.

¡La próxima vez que te sientas solo, piensa en los miles de escuadrones de linfocitos que dan la vida por ti cada día!

Para mayor asombro, tu sistema inmunitario no solo destruye patógenos o microbios, sino también células propias anómalas como las tumorales. Cuando una célula sufre alteraciones o mutaciones, lo normal es que muera por apoptosis (o suicidio celular), pero en ocasiones empieza a proliferar descontroladamente y da lugar a un cáncer. Los glóbulos blancos, especialmente los linfocitos T, destruyen estas células, evitando que este sobrecrecimiento represente una amenaza clínica.

De hecho, el funcionamiento del sistema inmunitario es tan complejo que un ligero desequilibrio da lugar a patologías. En el caso de las alergias, la hipersensibilidad o las enfermedades autoinmunes, existe una regulación al alza del sistema inmunitario. Al contrario, en patologías que cursan con inmunosupresión, como el síndrome del niño burbuja, en el que el niño nace sin sistema inmunitario, hay una ausencia o un déficit de acción de este sistema.

Una forma de evitar las patologías que se derivan de la sobreestimulación del sistema inmunitario es evitar las situaciones que nos lleven a la inflamación crónica, como obesidad, estrés, sedentarismo, diabetes, dieta proinflamatoria, etc. El motivo es que la inflamación crónica establece unos niveles basales de inflamación más altos de lo normal, con lo que cualquier estímulo por pequeño que sea activa de forma desproporcionada el sistema inmune.

¿Por qué las mujeres tienen mayor propensión a presentar enfermedades autoinmunes?

Carla es una estudiante de bachillerato muy buena y responsable, cuya aspiración es estudiar enfermería. La nota de corte es alta, pero con esfuerzo y tesón lo puede conseguir. A partir del segundo trimestre, cada día de clase se le hace más pesado y se encuentra muy agotada físicamente. Los fines de semana los dedica a descansar y su situación no mejora. Ante este panorama, los padres la llevan al médico, y para su sorpresa, este le diagnostica una **enfermedad autoinmune**. Esta historia que te puede resultar singular ocurre con una frecuencia insospechada.

Las enfermedades autoinmunes son una serie de patologías en las que el sistema inmunitario ataca al propio organismo. Suelen aparecer por una «confusión» del sistema inmunitario, en la que una **proteína propia es reconocida como extraña** debido a una modificación en su estructura o secuencia. Este tipo de modificaciones se generan debido a agentes externos como un virus, el sol o el estrés, entre otros, y hacen que el sistema inmunitario active una respuesta para destruir esta proteína. Entre estas patologías encontramos la diabetes tipo 1, la psoriasis, el vitíligo, la enfermedad inflamatoria intestinal, el lupus o la artritis reumatoide, entre otras. El nombre o tipo de enfermedad autoinmune dependerá de dónde se encuentre la proteína propia que empieza a reconocerse como extraña. En ocasiones, las células autoinmunes destruyen un único tipo celular, como ocurre en las células beta del páncreas en pacientes con diabetes mellitus tipo 1. Sin embargo, el ataque puede ser generalizado, como ocurre en el lupus eritematoso sistémico, en el que las manifestaciones clínicas son múltiples.

Curiosamente, las mujeres jóvenes representan cerca del 80 por ciento de todos los pacientes diagnosticados con enfermedades autoinmunes. Varios estudios intentan arrojar luz acerca de estas diferencias. Algunos culpan a las diferencias hormonales, mientras que otros postulan que se debe a la activación de genes diferentes. En un estudio que respalda la primera idea se observó que la testosterona reducía la cantidad de linfocitos B y, por tanto, disminuía el riesgo de que los hombres desarrollaran enfermedades autoinmunes. Avalando la hipótesis de los genes, otro estudio encontró que hasta un total de 661 genes se expresan de forma diferente entre ambos sexos, entre los que hay genes de función inmunitaria con carácter autoinmune.

Por tanto, las enfermedades autoinmunes tienen un **componente hereditario**, al asociarse a ciertas combinaciones genéticas, aunque son los **factores ambientales** los que desempeñan un papel decisivo a la hora de activar finalmente el sistema inmunitario. Entre estos factores encontramos infecciones, picaduras de insectos, la radiación ultravioleta, déficits nutricionales, toxinas, agentes químicos y factores hormonales o psicológicos, entre otros. En este sentido, la identificación de una enfermedad autoinmune en sus etapas iniciales permite evitar o retardar al máximo los posibles daños irreversibles en los órganos o tejidos.

¿Podemos vivir sin bazo?

Sí, se puede tener una vida saludable sin este órgano. Dado que está muy vascularizado, puede sangrar con mucha facilidad, así que, en caso necesario, se extrae para evitar una hemorragia interna severa.

El bazo es el «cementerio de los glóbulos rojos», ya que se encarga de filtrar la sangre para eliminar los hematíes viejos. Clínicamente, se considera un órgano linfático por la gran cantidad de linfocitos que alberga, que ayudan a potenciar y amplificar la respuesta inmunitaria, sobre todo ante bacterias que suelen estar encapsuladas.

Hay que realizar su extirpación quirúrgica (esplenectomía) si está dañado, si se rompe, en un accidente o por un golpe, o si empieza a aumentar de tamaño por acumulación de algún tipo de células sanguíneas defectuosas, como en el caso de las enfermedades oncohematológicas o de algunas anemias.

Dado que una de sus funciones fundamentales es la destrucción de bacterias encapsuladas, como el neumococo y meningococo, causantes de neumonías y meningitis, es muy importante vacunarse y tomar precauciones los 2 años posteriores a la extirpación. También se recomienda la vacunación anual contra la gripe y el acceso a antibióticos durante los viajes o en determinados contextos.

¿Están los virus y las bacterias vivos?

Una entidad viva es aquella que tiene capacidad de autorreplicarse de forma autónoma. Las bacterias están vivas, ya que pueden dividirse por sí solas. Sin embargo, los virus requieren de la maquinaria replicativa de otras células para poder obtener copias de sí mismos.

Las **bacterias** son seres vivos formados por una única célula autosuficiente con un metabolismo y una reproducción independientes. De hecho, pueden ser incluso infectadas por virus, los llamados bacteriófagos. Normalmente, vivimos en convivencia armoniosa con ellas (¿te acuerdas de nuestro quimerismo humano-bacteria?), incluso amigable, ya que contribuyen al buen funcionamiento del sistema digestivo, ayudando a procesar y obtener los nutrientes de los alimentos e impidiendo que entren bacterias nocivas en nuestro interior. Sin embargo, en ocasiones pueden causar problemas: las caries, las infecciones del tracto urinario, las infecciones de oído o la faringitis estreptocócica, por mencionar algunos ejemplos. Pueden presentarse en diversas formas (bacilos, cocos, etc.), y cada una causará una enfermedad diferente. Los antibióticos las destruyen.

Sin embargo, los **virus** son partículas acelulares infecciosas, que se mantienen latentes fuera de las células que infectan. Son más pequeños que las bacterias y están constituidos por material genético empaquetado dentro de una cubierta lipídica y proteica. Necesitan otras estructuras celulares para reproducirse, como células humanas, animales, vegetales e incluso bacterianas. De hecho, fuera de las células solo viven durante una cantidad de tiempo reducida.

Una vez se introducen en el cuerpo de una persona por diferentes vías de entrada, como heridas en la piel, mucosas o fluidos corporales entre otros, proliferan rápidamente y pueden causar enfermedades como el resfriado común, la viruela o el sida. Según el virus del que se trate, los cuadros clínicos serán diferentes.

Muchos de los virus son **asintomáticos**, lo que significa que nos infectan y proliferan, pero no causan ningún síntoma, ya que el sistema inmunitario los mantiene a raya. Otros permanecen **latentes** durante años viviendo en nuestro interior, bien alojados en células o incluso en nervios, y solo afloran en determinadas condiciones, como el virus de la hepatitis, el herpes simple o el papilomavirus. Sin embargo, en los niños o en personas inmunodeprimidas, los virus que normalmente son asintomáticos tienden a causar enfermedades más graves.

Por último están los virus que nos infectan y causan directamente una **enfermedad sintomática**, como el coronavirus, el adenovirus (resfriados), la gripe, el norovirus (gastroenteritis) y muchos otros. Las armas para combatirlos son las vacunas, los antivíricos o los tratamientos sintomáticos.

Tienen una gran capacidad de mutación, lo que significa que pueden cambiar fácilmente su material genético. En consecuencia, sus descendientes presentan características diferentes. Ahora sabemos que solo los más aptos sobreviven, por lo que si el virus es más letal y mata rápidamente a la persona infectada, la posibilidad de que esta haya contagiado a otras personas es baja, lo que lleva a la extinción de estas variantes. Si, por el contrario, se vuelven menos letales pero más contagiosas, más aptas para infectar a otras personas, su supervivencia y expansión poblacional aumenta. Pura adaptación. De ahí que las epidemias tiendan a hacerse **menos virulentas**, pero **más contagiosas**.

	Virus	Bacteria
¿Qué son?	• Partículas infecciosas de tamaño entre 0,02-1 μm. • Solo visibles por microscopia electrónica.	• Células procariotas unicelulares de tamaño entre 0,5-8 μm (aprox. 100 veces más grandes que virus). Se observan por microscopia óptica.
Características metabólicas y de reproducción	• Necesitan un huésped y viven como **parásitos dentro de células** para reproducirse.	• Capacidad de **reproducción independiente**. Son autosuficientes.
¿Dónde están?	• Pueden sobrevivir durante horas o días fuera de las células sin poder replicarse.	• Presentes en casi todos los hábitats del planeta y son muy resistentes a temperaturas o condiciones extremas.
¿Qué causan?	• Desde cuadros leves como el resfriado común a enfermedades más graves como el SIDA, la hepatitis, el coronavirus, el dengue, la viruela, etc.	• Infecciones urinarias, respiratorias, gastrointestinales, amigdalitis, caries, etc.
¿Alguna curiosidad?	• Pueden vivir latentes en el interior de nuestras células sin causar daño aparente durante años, como el herpes, papilomavirus o hepatitis.	• Muchas **bacterias son buenas** y nos ayudan a digerir alimentos, producir vitaminas o incluso nos protegen de infecciones de microorganismos patógenos.
Tratamiento	• Antivirales. • Tratamiento sintomático (analgésicos, antipiréticos). • **NO Antibióticos**	• **Antibióticos** • Tratamiento sintomático (analgésicos, antipiréticos).
Prevención	• **Con vacunas**. • Métodos barrera (preservativos, mascarillas, guantes, ...). • Medidas de higiene (antisépticos, jabón, desinfectantes, ...). • Reforzar el sistema inmune.	• Con vacunas. • Métodos barrera (preservativos, mascarillas, guantes, ...). • **Medidas de higiene (antisépticos, jabón, desinfectantes, ...).** • Reforzar el sistema inmune.

Don Músculo quita la grasa de una sola pasada: aparato locomotor

¿Eres consciente del privilegio que supone moverse? El ordenador más potente que se ha diseñado con los algoritmos más punteros de inteligencia artificial te llega a la suela del zapato en tu capacidad de correr, atarte los cordones o chutar a gol. De hecho, tenemos programas que almacenan millones de datos y pueden extraer patrones o hacer cálculos matemáticos complicadísimos en cuestión de segundos, pero aún no he visto robots que se muevan con tu ligereza y destreza, y tardarán por llegar.

La cantidad de información que integra tu cerebro con el movimiento, las distancias, las tensiones, las fuerzas, los sonidos, etc., es inimaginable. Y en este sentido, el sistema musculoesquelético será el principal ejecutor del aparato locomotor: los músculos estiran o empujan, y los huesos proporcionan a los músculos algo que estirar.

¿Por qué se incluye el aparato locomotor dentro de las funciones de relación y reproducción? Porque va a ser el responsable de que interactuemos con el medio, pero también de facilitar la cópula y la reproducción.

¿Es verdad que el músculo quema grasa?

Sí. El gasto metabólico del músculo en reposo es unas 2 o 3 veces más elevado que el de la grasa, lo que significa que cuanto más músculo tengas, más calorías estarás quemando en reposo. Mantener los depósitos grasos de nuestro organismo no tiene prácticamente coste energético, ya que son tejidos de sostén o de relleno, mientras que mantener los **músculos**, un **tejido metabólicamente activo**, requerirá el consumo extra de calorías. Si entrenamos, esa quema de calorías aumenta.

Por tanto, cuando ganamos músculo, no solo estamos disminuyendo la cantidad de grasa corporal, sino también moldeando y definiendo nuestro cuerpo, así como reduciendo nuestro perfil de citoquinas inflamatorias que son secretadas por el tejido adiposo. Reducir los niveles de inflamación basal es muy importante para prevenir el desarrollo de enfermedades degenerativas o cáncer.

El ejercicio puede incluso alterar nuestros genes de forma beneficiosa mediante la epigenética. Científicos del Instituto Karolinska realizaron el siguiente experimento: reclutaron a 23 voluntarios para montar en bicicletas estáticas 4 veces por semana, pero usando solo una pierna (test), siendo la otra pierna el control. Después de 3 meses con esta pauta de ejercicio, compararon las biopsias musculares de la pierna activa e inactiva. Encontraron que el ejercicio cambia la metilación del ADN y los niveles de expresión de genes de desarrollo muscular y de metabolismo. La identificación de estos patrones puede servir para inducir, mediante algún tipo de terapia, estos cambios genéticos beneficiosos del ejercicio en personas encamadas o que por cualquier motivo no pueden realizar ejercicio.

Hacer deporte mejora el aspecto de tu piel y te hace parecer más joven, beneficiándote no solo desde el punto de vista físico sino también intelectual. Al trabajar la capacidad cardiorrespiratoria, estás entrenando a tu corazón y a tus pulmones para que manden más sangre con nutrientes y oxígeno hacia el cerebro. Un **buen corazón** acompaña a un **buen cerebro**, y hay múltiples estudios que confirman esta asociación.

En varios estudios se demostró que la realización de los 150 minutos de ejercicio semanales recomendados aumentaron de forma proporcional el procesamiento visoespacial, es decir, la capacidad para detectar dónde están los objetos en el espacio. En otros estudios se puso de manifiesto que una sola sesión de ejercicio aeróbico mejoraba también la atención y el procesamiento de diferentes estímulos. Además, también se reportaron beneficios a largo plazo. En otro estudio observacional se determinó que quienes **paseaban** entre 10 y 15 kilómetros a la semana presentaron, al cabo de 9 años, una mayor cantidad de materia gris en diferentes áreas cerebrales, entre las que estaba el hipocampo, encargado de la memoria y el aprendizaje, lo cual se tradujo en un **menor declive cognitivo** y un menor riesgo de demencia senil.

Si encima lo combinas con buena música, con un ambiente estimulante, como un parque y tu grupo de amigos, tienes la felicidad garantizada. El mejor ejercicio no es aquel que te hace quemar más kilocalorías, sino aquel que te hace sentir bien. Las endorfinas liberadas mejoran tu humor, las ganas de ponerte a trabajar y tu capacidad de conciliar el sueño. No hace falta sacar tiempo para ir al gimnasio, con subir las escaleras, caminar en vez de coger el coche o hacer las tareas del hogar ya tenemos mucho hecho. Sostenibilidad y salud en una misma acción: ¡Jaque mate!

Como dice la cultura popular, para que la mente repose el cuerpo debe agitarse.

¿Por qué los deportistas de élite entrenan a grandes altitudes?

Cuando se realiza deporte, aumenta el consumo de oxígeno debido a la mayor cantidad de flujo sanguíneo que va a los músculos. En condiciones basales, nuestro cuerpo cuenta con 2 litros de oxígeno almacenado a modo de reserva, que se usa sin necesidad de realizar respiraciones adicionales: 0,5 litros de aire en los pulmones, 0,25 litros disuelto en los líquidos corporales, 1 litro combinado con la hemoglobina de la sangre y aproximadamente 0,3 litros almacenado en las fibras musculares, combinado fundamentalmente con la mioglobina, una proteína que fija oxígeno de un modo similar a la hemoglobina.

Con el ejercicio intenso, este oxígeno almacenado se usa en cuestión de segundos (concretamente, un minuto) incrementando rápidamente su velocidad de consumo hasta 15 veces. Cuando el entrenamiento finaliza, el consumo de oxígeno continúa elevado hasta 40 minutos después, cuando se alcanza un estadio basal o de preejercicio y se recuperan las reservas corporales de oxígeno.

Los eritrocitos o glóbulos rojos son los principales transportadores de oxígeno a los músculos, con lo que si aumenta el porcentaje de estos en sangre (hematocrito), mejora el rendimiento deportivo. La hormona encargada de la formación y producción de eritrocitos es la **eritropoyetina (EPO)**. No es de extrañar que la administración exógena de eritropoyetina sintética se usara como dopaje en el deporte de alto rendimiento.

Dada su elevada peligrosidad, la EPO se incluye en la lista de sustancias dopantes prohibidas por el Comité Olímpico Internacional. Los valores normales del hematocrito oscilan entre el 38 y 45 por ciento. Sin embargo, dichos valores se incrementan hasta más de un 60 por ciento en el caso de que el deportista se haya inyectado EPO. Estos valores generan una hiperviscosidad en la sangre que lleva a un enlentecimiento de la circulación sanguínea.

Si se combina el flujo sanguíneo ralentizado con una baja frecuencia cardíaca (por ejemplo, al dormir), aumenta la probabilidad de que se formen trombos que obstruyan arterias del corazón, lo cual puede provocar infartos o paros cardíacos. En estos términos se reportó la muerte de 16 ciclistas holandeses mientras dormían (entre ellos, el campeón Bert Oosterbosch) entre 1987 y 1990. A todos se les había inyectado EPO.

El ejercicio a grandes alturas es una forma natural de elevar las concentraciones circulantes de eritropoyetina y, por tanto, del hematocrito. El interés por la influencia de la altura en el rendimiento deportivo se remonta a las Olimpiadas de 1968, disputadas a 2.200 metros de altura en la Ciudad de México. El hecho de que los atletas keniatas y etíopes de los altiplanos africanos destacaran en las pruebas de fondo inició la investigación sobre la fisiología del **ejercicio en altura**.

La absorción de oxígeno en los alvéolos pulmonares depende de la presión parcial del mismo, siendo esta mucho menor a grandes altitudes. Los riñones detectan esta disminución del oxígeno tisular y secretan EPO, que aumenta la producción de eritrocitos y del hematocrito. Cuando luego se desciende al nivel del mar, donde el oxígeno es más abundante, el gran porcentaje de glóbulos rojos producidos transportan una mayor cantidad de oxígeno a los músculos, lo cual aumenta la capacidad y la fuerza de contracción, a la vez que disminuye la fatiga.

Cuando realices ejercicio en altura, debes tener en cuenta las siguientes indicaciones:

* Aumenta la ingesta de hierro para asegurar una buena producción de hemoglobina gracias a la elevación de las concentraciones de EPO.
* Incrementa la ingesta de líquido para compensar la pérdida de volumen plasmático que se experimenta en altura al aumentar la proporción de células.
* Recupérate y descansa, puesto que la fatiga en altura será mayor.
* Mantén la intensidad de los entrenamientos en altura para no perder los estímulos neuromusculares.

¿Puedo aumentar la cantidad de células musculares?

Las fibras musculares esqueléticas o estriadas se duplican muy lentamente, ya que tienen una longevidad aproximada de 15 años. Esto significa que cuando el músculo aumenta de tamaño con el ejercicio es porque las células que lo componen se hipertrofian o incrementan su volumen. Este incremento del diámetro de la fibra se debe a la unión de células madre, llamadas células satélite, que viven en la vecindad de las fibras musculares y ayudan a producir más proteínas contráctiles.

Esta fusión de las células satélite vecinas aumenta la cantidad de núcleos, y por tanto, de información genética disponible para producir más proteínas y miofibrillas musculares (hipertrofia muscular).

Entonces, ¿es lo mismo reentrenar que empezar a entrenar de cero? La respuesta es no, ya que las células que previamente han sido entrenadas disponen de más material genético, que en caso de necesidad como un ejercicio demandante, producirán rápidamente proteínas. Si se empieza de cero, debemos conseguir primero que las células madre vecinales se fusionen con las fibras musculares para producir las proteínas necesarias para la contracción muscular.

¿Por qué te dan calambres musculares?

Una rampa o calambre es una contractura muscular involuntaria rápida. El uso excesivo de un músculo, la deshidratación, la tensión muscular o el mero hecho de mantener una posición durante un período prolongado pueden causar un calambre muscular. Sin embargo, en muchos casos no se sabe cuál es la causa.

La mayoría de los calambres musculares son inofensivos y suelen desaparecer a los pocos segundos o minutos sin causa aparente. Sin embargo, algunas contracturas fuertes pueden dejar dolor local o incluso inflamación. La inflamación podría bajarse aplicando calor local o incluso con un masaje. Entre las medidas que pueden ayudar a prevenir los calambres figuran las siguientes:

✳ Evita la deshidratación. Los líquidos ayudan a que los músculos se contraigan y se relajen, y mantienen las células musculares hidratadas y menos irritables. Durante la actividad, reabastece los líquidos a intervalos regulares y continúa bebiendo agua u otros líquidos después de terminar.

✳ Estira tus músculos antes y después de usarlos durante un período prolongado. Si tienes tendencia a tener calambres en las piernas por la noche, haz estiramientos antes de acostarte.

✳ Haz ejercicio ligero. Andar o usar la bicicleta estática durante unos minutos antes de dormir también puede ayudarte a prevenir los calambres mientras duermes.

✳ Come sano y variado para asegurarte de que no te falta ninguna vitamina ni mineral que participe en el metabolismo de la contracción muscular.

¿A qué se debe el *rigor mortis*?

Para que la contracción muscular suceda debe haber un impulso nervioso que llegue a la fibra muscular, el cual libera el ion calcio (Ca^{2+}) para permitir la contracción. Por tanto, para que desaparezca la tensión muscular necesitamos que haya una energía que almacene de nuevo el calcio en su compartimento celular (el retículo sarcoplásmico).

Cuando alguien fallece, el compartimento donde se guarda el calcio se degenera rápidamente, con lo que se produce una contracción muscular sostenida, conocida como *rigor mortis*. Por regla general, este proceso suele comenzar a las 3 horas de la muerte y alcanza su pico máximo de rigidez a las 12-24 horas desde el fallecimiento, pudiendo durar hasta 36-48 horas. Finalmente, el *rigor mortis* se relaja y desaparece cuando el músculo empieza a descomponerse. Esta rigidez del cadáver ha dado lugar a dichos populares, como la expresión «quedarse tieso».

El estudio de este fenómeno es especialmente útil en investigaciones criminales, ya que permite dar un primer diagnóstico del deceso y conocer la hora del fallecimiento. También es de especial interés en la industria cárnica animal, ya que determina la calidad final de la carne. Si esta se consume inmediatamente después de sacrificar al animal, la salida de calcio de su compartimento hará que te dejes los dientes, ya que la carne estará dura y fibrosa debido al *rigor mortis*. Para prevenir esto y aumentar su jugosidad, la mayoría de las carnes se ponen en cámaras frigoríficas durante un tiempo que varía en función de la especie: unas horas en el caso de la carne de pollo y algunos días si se trata de carne vacuna u ovina. Así se obtiene un producto con un aspecto, sabor y dureza óptimos para el consumo humano.

Los franceses pusieron de moda el *faisandage*, una técnica que consiste en dejar madurar la carne más tiempo de lo normal, de modo que sus propias enzimas la predigieren. Habrás visto que en algunos restaurantes *gourmet* tienen chuletones que llevan 2 años de maduración y no han llegado a la putrefacción. Esto es posible gracias a una maduración en seco en la que la pieza se conserva a baja temperatura (1-3 °C) en un porcentaje de humedad muy limitado (65-85 por ciento); así, la actividad enzimática propia de la carne es constante y está controlada, al mismo tiempo que se previene el crecimiento bacteriano. Por tanto, no lo intentes hacer en tu nevera, ya que lograrás un microambiente y una vida propios.

✳ 17 ✳

Calienta que sales: aparato reproductor

—Dos patinadores sincronizados, concentrados en la ejecución de los movimientos, deslizándose pierna arriba, brazo abajo, círculo y vuelta. Flotando, palpitantes, rojos como tomates, intentando encontrar un compás, un último jadeo y se acabó la coreografía. Bonito, pura mecánica, una brisa y todo en el olvido. Una inercia vacía —relataba Pablo sobre su último y fugaz encuentro sexual.

—Es normal que te sientas solo con ese tipo de revolcones tan superficiales y sin conexión. Creo que te estás perdiendo el placer anticipatorio, el disfrute de la tensión sexual, el flirteo, los abrazos sin prisa, los besos pasionales, las risas, la conexión, la confianza y un largo etcétera de los beneficios de un cortejo a la antigua usanza —respondí yo.

Entonces, Pablo, intrigado, me preguntó:

—¿Cuál ha sido, entonces, el mejor encuentro sexual de tu vida?

—Aquel que anida en mi imaginación —respondí.

El poder afrodisíaco de la imaginación supera al de la realidad. Nuestro cerebro está programado para embellecer a su antojo lo que imagina y nuestro cuerpo es capaz de experimentar con sensaciones estas vivencias creativas. Así, las personas que llevan mascarilla con la región nasobucal cubierta siempre son más atractivas que cuando se la quitan, porque nuestra mente siempre rellena la información que desconoce con su mejor versión.

Lo mismo ocurre con el sexo: cualquier cita imaginada siempre será mejor que su versión real. ¿Por qué? Porque en nuestra fantasía no hay contratiempos ni deslices, todo es bonito, perfecto, aromático y sabroso. Además, tu controlas hacia dónde se dirige la acción. Y esto tiene un claro beneficio: te ahorras la posibilidad de un encuentro nefasto, un corazón roto y vacío, un embarazo indeseado o una enfermedad de transmisión sexual, cuyas consecuencias más frecuentes son la infertilidad, entre otros padecimientos. Debes recordar que cuando te acuestas con alguien, su macuto sexual (todo su historial de parejas sexuales), no solo incluye a sus exparejas, sino también a las parejas de las exparejas, y a las exparejas de las parejas de las exparejas.

Además, con cada revolcón liberamos oxitocina, endorfinas y vasopresinas, entre otras hormonas, las cuales generarán inevitablemente un vínculo, así como cariño y amor. Esta tendencia natural al apego con cada encuentro sexual genera vinculación emocional hacia la persona en cuestión, lo que hace biológica y evolutivamente inviables las relaciones de amigos con beneficios o amigos con derecho a roce, ya que uno de los dos miembros de la pareja acabará queriendo un mayor grado de compromiso y unión.

¿Te estás preguntando si esto es propaganda para firmar votos de castidad? La respuesta es negativa.

Las **relaciones sexuales** en un clima de **conocimiento mutuo, deseo, amor y confianza** son una de las **actividades más plenas** que puede experimentar el ser humano, además de llevar a la perpetuación de la especie. Los beneficios del sexo son innumerables: aumenta la autoestima, mejora el humor, previene los infartos y los accidentes cardiovasculares, adelgaza, reduce el riesgo de cáncer de próstata y mejora el aspecto de la piel y el pelo, además de tener numerosísimos beneficios cognitivos.

No hay nada que despierte más el fuego de la pasión que mostrar desinterés. Por tanto, si te mueres por sus huesos, asegúrate de que esperas un tiempo prudencial antes de remover el puchero. ¡Siempre sale más sabroso si se hace a fuego lento!

¿Cómo sé si he besado al amor de mi vida?

Los **labios** y la **lengua** son las regiones corporales con **mayor inervación sensorial**, ¿recuerdas la imagen del homúnculo? Esto tiene un claro propósito biológico. Primero, cuando somos bebés, la boca es nuestro modo de descubrir el mundo. A través de ella reconocemos a nuestra madre y recibimos alimento. Después aprendemos a saborear los alimentos y a distinguir lo que nos gusta, lo que es más sano y lo que está en mal estado, entre otras cosas.

En nuestra madurez, saborear la boca de nuestra pareja nos ayuda a decidir si es la idónea. A través del olfato y del gusto, las feromonas y la saliva nos informan inconscientemente sobre la compatibilidad genética. Y aunque es muy difícil engañar al cerebro, sí que hay unos trucos para que el beso sepa a afinidad total:

1. Lavarte los dientes con frecuencia, 2-3 veces al día.
2. Iniciar la maniobra de acercamiento pausadamente, mirando primero a los ojos y luego a los labios.
3. Besar lentamente, rozando los labios, a la vez que sintonizas respiraciones.
4. Colocar las manos sobre tu pareja, sujetándole con cariño la cara, el cuello, la espalda, los hombros o la cintura.
5. Aumentar la intensidad, incorporando el roce de las lenguas o acercando los cuerpos.

De hecho, **besar** a la persona que te gusta tiene numerosos **beneficios para la salud**. No solo te sumerge en una espiral de sensaciones y bienestar, sino que la liberación de hormonas como la serotonina y las endorfinas disminuye la sensación de dolor, soledad, estrés, ansiedad y tristeza. Es gratis y aumenta enormemente la autoestima, mejor que el más caro de los cosméticos y cirugías. ¡Si te deleitas y le pones ganas, pasión y tiempo, puedes perder hasta calorías!

¿Es el clítoris el punto G?

La anatomía sexual femenina ha sido una incógnita hasta el año 2005. ¡Como lo oyes! Antes se clonó a un ser vivo, la oveja *Dolly*, que se describió la forma exacta, el tamaño y las estructuras anexas del **clítoris** gracias a técnicas de resonancia magnética nuclear.

La palabra «clítoris» proviene del griego *kleitorís*, que a su vez deriva de *kleis*, que significa «llave». Si los grandes pensadores de la cuna de la civilización fueron capaces de describir el átomo, no se les pudo pasar por alto la llave del placer femenino. Lingüísticamente hablando, es una palabra tan concreta y específica que se ha conservado en casi todos los idiomas.

Para ubicar el clítoris, repasaremos la parte inferior de la pelvis femenina, de delante hacia atrás, donde encontramos las siguientes estructuras anatómicas:

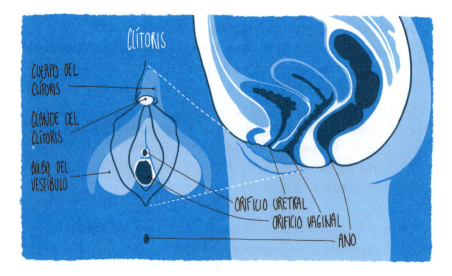

* El **clítoris** es la estructura que se encuentra en la parte más ventral o anterior de la pelvis. Se divide en la sección exterior que sobresale en la **vulva**, llamada «glande» (1 cm de media), y la sección interior, que está constituida por el tronco del clítoris, el

cual se extiende en profundidad de 9 a 11 cm. Como ocurre con el pene, el glande del clítoris y su tronco también se hinchan y se llenan de sangre durante la excitación sexual, con lo cual aumentan de tamaño. Su gran inervación permite llegar al **orgasmo**.

✱ La **uretra** es el siguiente orificio, por donde se evacua la orina. Es un compartimento estéril, con lo que las bacterias no pueden vivir ahí alojadas. Si las bacterias colonizan este conducto, pueden llegar a la vejiga e incluso a los riñones y causar así una infección de orina. A diferencia de la uretra masculina, que mide más de 20 cm, la uretra femenina mide 4-5 cm, con lo que orinar después de tener relaciones es esencial para evitar infecciones.

✱ La **vagina** es el orificio que aparece a continuación, y es el órgano encargado de acoger al pene durante el coito, además de servir de canal para la salida del bebé durante el parto. Es el orificio por donde se evacua la menstruación, el sangrado mensual que permite renovar el tejido interior del útero. La vagina contiene muchas bacterias beneficiosas que ayudan a evitar infecciones, al mantener un pH ligeramente ácido. Aunque en su estado natural está lubricada y húmeda, su secreción y lubricación aumentan de forma notable durante la excitación sexual. Su principal característica es su flexibilidad, ya que puede alojar desde una copa menstrual a un bebé. También destaca su baja sensibilidad más allá de los 3 a 5 cm de la entrada, lo que posibilita partos menos dolorosos.

✱ El siguiente agujero en dirección dorsal es el **ano**, el orificio de evacuación de las heces. Es, por tanto, el tramo final de nuestro tracto digestivo.

Hoy en día, se sabe que el famoso **punto G (o punto Gräfenberg)** es un mito. La «alubia del placer dotada de sensibilidad» no ha causado más que frustración y preocupación desde su descubrimiento. Innumerables parejas acuden a terapia o cursos específicos para aprender a localizar esta zona erógena. No es un botón mágico directo al orgasmo, pero sí ha sido una fuente de ingresos y de marketing constante desde que surgió: cursos, *coaching*, nuevos artilugios o artimañas, etc., todo vale con tal de encontrarlo.

La realidad, admitida por sus propios descubridores, es que no existe la alubia como tal. Se trata más bien de una zona de la pared anterior de la vagina donde se acumulan nervios clitouretrovaginales (CUV, la conjunción de clítoris, uretra y vagina), cuya estimulación puede producir placer. Al igual que hay miles de formas y tamaños de pene, hay miles de vaginas y de anatomías genitales, con lo que estimular esta zona puede producir placer dependiendo de la mujer, del momento del ciclo menstrual, del grado de excitación, etc. De hecho, muy pocas mujeres confirman sentir placer al estimular esta zona.

Y aunque sí hay diferentes formas de estimular la zona pélvica, solo existe un tipo de **orgasmo femenino**: aquel que parte del clítoris, bien por estimulación directa o indirecta a través de la vagina. Lo mejor es autodescubrirse y conocer las zonas de placer propias para tener tu criterio individual. Una vez te conozcas, solo debes contárselo con confianza a tu pareja para que puedas guiarla por tu mapa personal del placer. Así evitarás que se frustre en caso de que no encuentre al Ratoncito Pérez. Aunque ¿quién sabe si experimentando te llevas una sorpresa?

¿Es verdad que el pene piensa por sí mismo?

El pene no puede pensar por sí mismo, pero sí que funciona de forma autónoma, ya que está inervado por el sistema nervioso autónomo, que no está bajo el control consciente. Del mismo modo que se pueden tener erecciones en situaciones poco convenientes o no relacionadas con el acto sexual, también puede ocurrir lo contrario, que, en caso de necesidad, la erección no se manifieste. El estrés o el agua fría, por ejemplo, provocan una disminución del tamaño del pene.

La anatomía pélvica masculina consta de las siguientes estructuras si la recorremos de delante hacia atrás:

* El **pene** contiene en su interior la uretra, por donde se evacuará tanto la orina como el semen. Está constituido por dos cuerpos

cavernosos que se llenarán de sangre, con lo que se necesitará una **buena salud cardiovascular** para su **buen funcionamiento**. También alberga un cuerpo esponjoso, con consistencia de esponja, para poder permitir la eyaculación durante el orgasmo a través de la uretra.

El llenado de los cuerpos cavernosos determina el tamaño final del pene, así que si quieres que esté en su máximo potencial, evita comidas copiosas que dirijan todo el flujo de sangre hacia las tripas, así como el alcohol, que suprime o inhibe su correcta inervación. Más que el tamaño del pene, **lo que importa es la compenetración sexual**, la conexión y la empatía del hombre para poder satisfacer a la mujer, ya que la vagina presenta baja sensibilidad más allá de los 3 a 5 cm de la entrada. Solo en los casos en que el pene erecto mide menos de 6 centímetros (micropene), la ejecución del coito podría ser complicada. A partir de este tamaño, el pene producirá placer. En cada eyaculación, los hombres expulsan una cantidad de semen que puede oscilar entre 1,5 y 6 mililitros, con unos 100 millones de espermatozoides. ¡Imagina si tenías competencia cuando llegaste el primero!

✳ A continuación están los **testículos**, que penden suspendidos en el escroto. Son la fábrica y el almacén de los espermatozoides, y poseen una barrera protectora con la sangre para evitar que los linfocitos propios ataquen al futuro semen, que es inmunológicamente diferente al padre. Se encuentran fuera del cuerpo porque deben estar a una temperatura corporal menor (34-35 °C), y tienen un músculo suspensorio llamado «cremáster» que ajusta su posición según haga frío o calor. Este se contrae en caso de que haga frío o haya dolor, haciendo que los testículos suban y se queden pegados al cuerpo para que se mantengan calentitos. Y a la inversa, con el calor, los testículos descienden para refrescarse. ¡Flipante!

¡Y mucho cuidado con calentar esa zona! Evita sentarte sobre estufas o radiadores, la ropa muy ajustada o incluso la radiación del móvil, ya que una elevación de la temperatura de esa zona podría poner en huelga permanente a la fábrica de tus futuros hijos, y producir esterilidad.

✳ El siguiente agujero en dirección dorsal es el **ano**, el orificio de evacuación de las heces. Es, por tanto, el tramo final del tracto digestivo.

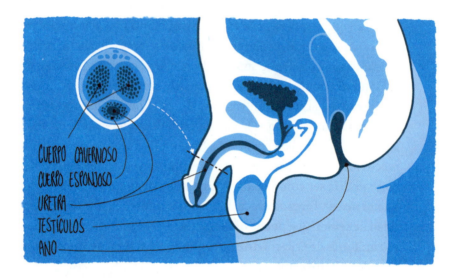

¿Se puede saber si soy virgen?

No. La respuesta es un rotundo «no», ya que la **virginidad** es un **concepto psicológico**. Ser virgen supone no haber iniciado relaciones sexuales con otra persona. En el caso de los hombres, no existe ninguna evidencia física que demuestre que el hombre se ha estrenado en los quehaceres sexuales. En el caso de la mujer, mucho se ha dicho acerca de que existe sangrado en la primera relación sexual, o aumenta el tamaño de sus mamas, entre otras afirmaciones. La realidad y la ciencia dicen que tampoco las mujeres presentan evidencias físicas de haber mantenido relaciones sexuales.

La rotura del **himen**, una membrana de tejido conjuntivo en forma de rosquilla que se encuentra a 1-2 centímetros del orificio vaginal, se ha asociado erróneamente a la pérdida de la virginidad. El himen suele tener uno o más agujeros para dejar pasar la sangre menstrual de forma natural, y aunque carece de función anatómica conocida, esta membrana podría suponer una especie de barrera frente a los microorganismos.

Dado que tiene **distintas formas y grosores**, lo normal es que se rompa al mantener la primera relación sexual y produzca un ligero sangrado y alguna molestia puntual. Sin embargo, no siempre ocurre así, ya que algunas mujeres nacen sin él, mientras que otras pueden llegar a necesitar cirugía, ya que no llega a romperse a pesar de mantener varias relaciones sexuales. En otros casos, su rotura se produce por otras actividades, como montar en bicicleta o a caballo, por lesiones o golpes, por un esfuerzo físico excesivo, durante la masturbación, por un examen médico o incluso al usar tampones del tamaño incorrecto.

Así que si te estás imaginando algo sellado en tu vagina como si fuese el tapón de una pasta de dientes que debes perforar, que sepas que te equivocas. La virginidad ha sido uno de los temas más recurrentes de la industria cinematográfica estadounidense: perderla debe ser lo suficientemente importante como para generar la trama romántica o dramática de una película. ¡No la entregues a la primera de cambio!

Esperar para tener esa **primera experiencia** positiva cambiará tu perspectiva de las relaciones. La pareja elegida estará emocionada por compartir esa experiencia contigo y todo irá suave y con calma, con sentimientos profundos mutuos y con respeto. Si la persona con la que piensas perder tu virginidad no te da su presente, ¡no hipoteques tu futuro con un embarazo o una enfermedad no deseada!

¿Cómo es de cierta la ecuación coito = orgasmo?

El **orgasmo** es una reacción involuntaria de nuestro sistema nervioso autónomo. Así, se han documentado orgasmos sin genitales o incluso en personas con fallecimiento cerebral, donde la estimulación mecánica de los nervios sacros provoca técnicamente un orgasmo. De hecho, al ser una reacción involuntaria, algunas personas incluso se ponen a estornudar cuando piensan en sexo o después del orgasmo, debido a un cruce en las respuestas nerviosas autónomas. Otras incluso describen que practicarlo elimina el hipo.

Recientemente se han descubierto nuevas formas de conseguir el orgasmo. Algunas mujeres reportan experimentar un orgasmo con la estimulación de los pezones y otras, haciendo abdominales. El coreorgasmo es un tipo de orgasmo que aparece con el entrenamiento y se da principalmente en mujeres, al practicar determinados ejercicios que involucran los músculos abdominales: ciclismo, planchas, *squats*, abdominales en suspensión, etc. Todos estos tipos de orgasmos demuestran que la sexualidad no se vive únicamente a través de los genitales. Pero entonces, ¿qué ocurre con el orgasmo que sí se experimenta a través de estos órganos?

La selección natural ha hecho que el orgasmo masculino sea un requisito indispensable para la eyección del semen y, por tanto, para la fecundación de la hembra. Este casi siempre se produce durante el coito. No se puede decir lo mismo del orgasmo femenino, ya que este no es necesario para lograr el embarazo. El único requisito por parte de la mujer para lograr la fecundación es estar en período fértil, en torno a 14 días después del inicio de la menstruación.

Por ese motivo, el estudio del placer femenino no ha sido una prioridad. A principios del siglo XX, la propia nieta de Napoleón, María Bonaparte, decidió abordar esta cuestión desde un punto de vista más científico, provocada por su propia curiosidad individual, ya que alcanzaba fácilmente **orgasmos** con la **masturbación**, pero **no durante el coito**. Su primera idea fue que quizás el clítoris se encontraba anatómicamente alejado de la vagina; de ahí que la fricción generada con el coito no fuera suficiente para estimular directa o indirectamente el clítoris.

A pesar de la poca literatura científica de la época al respecto, María consiguió aliarse con un médico y llevar a cabo su estudio: reclutó a 243 mujeres, analizó la distancia clítoris-vagina y les preguntó por la frecuencia de sus orgasmos durante el coito. En 1924 publicó sus conclusiones bajo el seudónimo «A. E. Narjani» en la revista científica *Bruxelles Médical*, y afirmó que la distancia entre el clítoris y la vagina parecía influir en la frecuencia de los orgasmos durante el coito. Estudios posteriores y datos estadísticos corroboraron su hallazgo. Es una teoría, así que independientemente de tu anatomía, lo que debes hacer es conocerte y explicarle tu geografía del placer a tu pareja.

Ahora bien, no es casualidad que los **succionadores de clítoris** hayan revolucionado la industria de la sexualidad femenina. Los primeros vibradores eléctricos fueron desarrollados a finales del siglo XIX por el médico inglés Joseph Mortimer Granville, cansado de sus «trabajos manuales» para tratar una «patología» femenina antigua conocida como «histeria». Esta tenía su base en la falta de orgasmos y su «remedio» no era otro que la estimulación manual de los genitales o masturbación ginecológica hasta conseguir convulsiones paroxísticas (orgasmo). El famoso «remedio» paliaba los síntomas de esta enfermedad, entre los que se incluían desde un dolor de cabeza hasta un sofoco, o retención de líquidos.

Incluso Freud, el padre del psicoanálisis, escribió varios tratados sobre la histeria, explicando que su origen era un trauma infantil femenino en el que las mujeres no llegan a aceptar la «falta de pene». No fue hasta finales del siglo XX (1980) cuando se desterró esta patología del Manual de Diagnóstico de los Trastornos Mentales (DSM, por sus siglas en inglés) y se aceptó que una **persona histérica** es aquella que está a punto de **perder los nervios**, independientemente de su condición sexual. Es más, hoy en día sabemos que cualquiera de los síntomas asociados con esa «enfermedad» tienen múltiples causas fisiopatológicas no asociadas al orgasmo, y mucho menos a la «parte masculina perdida» en las mujeres.

En conclusión, lo más importante es que la búsqueda del orgasmo no se convierta en una obsesión. Dale voz y tiempo a tu cuerpo para gestionar las emociones, y que estas den paso a algo más, si esto es lo que buscas. Descubre lo que te funciona a ti y no tengas miedo de compartirlo con tu pareja en confianza e intimidad. Seguro que si tu pareja es aventurera, atenta y considerada, no dudará en emprender el viaje. Además, tú siempre puedes ayudarle o tomar el relevo para asegurar tu propio placer. Como decía Marilyn Monroe en su célebre frase, «el verdadero amante es aquel que puede emocionarte besando tu frente, sonriéndote o mirándote a los ojos».

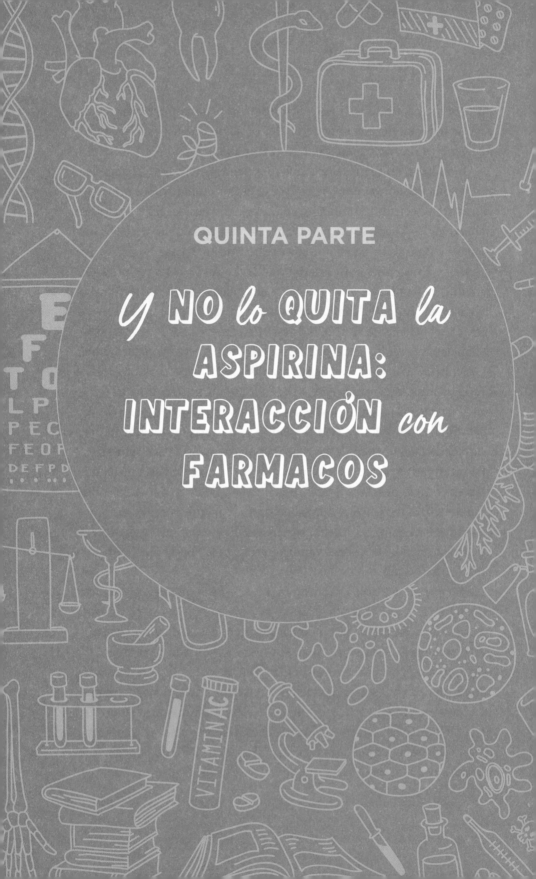

QUINTA PARTE

Y NO lo QUITA la ASPIRINA: INTERACCIÓN con FÁRMACOS

El amor es una de las drogas más potentes. ¿Quién no ha experimentado los efectos terapéuticos de un largo abrazo, un profundo beso o dulces caricias? Como toda terapia, el amor incluye una serie de acciones con actividad biológica, como la liberación de neurotransmisores del placer y de euforia, que alteran nuestra química cerebral. Su falta nos lleva a experimentar incluso síndrome de abstinencia.

Hablando de amor, voy a contar cómo fue mi primera cita. Yo era una estudiante muy aplicada de la Licenciatura de Farmacia. Estaba en tercero de carrera cuando un compañero de prácticas me invitó a salir. Me gustaba, con lo que la tensión se palpaba en el ambiente. Pedí un café y él, un *sin-tonic*, es decir, una tónica sin ginebra. «Bebida sin alcohol, punto a favor, vamos por buen camino», pensé. La conversación fluía, pero mi nerviosismo empezaba a asomar y acabé monopolizando la conversación. Dado que lo único que veía eran nuestras bebidas, empecé con la historia de la tónica y terminé con la de la cafeína.

—¿Sabes que estás bebiendo el tratamiento de la malaria? —Mi intención no era quedar de borde, aunque sonara así.

—No. Pensaba que solo era agua tónica con propiedades digestivas y calmantes…

—Así es. Además del agua carbonatada, contiene un componente

disuelto de sabor amargo llamado **quinina**, uno de los principios activos más potentes para tratar la malaria, una enfermedad causada por la
picadura de mosquitos infectados con parásitos. La quinina se extrae de
la corteza del árbol de quina, típico de Perú. Su historia se remonta al
siglo XVII, cuando se descubrió que este producto, ya usado por los in-
dígenas y las tribus peruanas, curaba la malaria. De hecho, el árbol de
la quina forma parte del escudo de Perú y representa sus riquezas vegetales. En 1825, los oficiales británicos asentados en la India decidieron combinar la quinina con agua, azúcar, lima y ginebra, inventando
el precursor del *gin-tonic*.

—Flipante. ¿No me digas que también conoces la historia de la cafeína?

—Te va a sonar raro, pero sí, ¡sí la conozco! El café se lleva usando
desde la Edad Media y su descubrimiento es peculiar. Cuenta la leyenda
que en Etiopía, de donde es originario, había un pastor de cabras que
observó cómo se tornaban eufóricas y perdían el sueño al pastar junto
a unos arbustos con unas bayas rojas, los arbustos de café llamados ca-
fetos. El pastor probó sus frutos y experimentó la misma vitalidad que
sus cabras, así que decidió llevarlos a un convento de monjes cercano
para que probaran el «producto del cielo». Los monjes no encontraron tal deleite al masticar las bayas, con lo que decidieron lanzarlas al
fuego que tenían encendido. El conjunto de aromas que desprendió el
tueste de los granos de café al fuego les embelesó. Arrepentidos, decidieron recuperarlas y ponerlas en agua, y al beber ese líquido caliente,
mmm...

No sé si le aburrí, pero una cita con una estudiante friki y apasionada de la ciencia no podía transcurrir de otra manera. Hoy llevamos
14 años juntos. Después de esta pequeña anécdota, ahora sí, nos cen-
tramos en los medicamentos y las terapias, unas herramientas básicas y
fundamentales que nos han ayudado, a lo largo de la historia de la humanidad, a aumentar nuestra calidad y cantidad de vida. ¿Qué sería de nosotros sin anestesias, vacunas, antibióticos o analgésicos? Una auténtica
miseria.

✳ 𝟙𝟠 ✳

Para el dolor de garganta un *striptease*, perdón, Strepsils: medicamentos y terapias

Cuando se habla de tratamiento o terapia, nos referimos al conjunto de acciones o medios cuya finalidad es la curación o el alivio de las enfermedades. Pueden incluir varios procedimientos con o sin medicación, como la radioterapia, la quimioterapia, el tratamiento farmacológico, la terapia de rehabilitación o incluso la terapia psicológica. Hoy en día, el término «terapia» se vincula muchas veces a tratamientos psicológicos (psicoterapia). Hemos visto que tanto el ejercicio físico como una buena alimentación podrían considerarse terapias, ya que ejercen una acción o actividad biológica sobre nuestro cuerpo, modificando su funcionamiento. Entonces, ¿dónde está el límite? En esta sección nos vamos a centrar en aquellas sustancias que presentan interés clínico para la prevención, el diagnóstico, el tratamiento, la mitigación y la cura de enfermedades.

Hace más de 4.000 años que se conoce el uso de sustancias medicinales para conseguir efectos beneficiosos en el cuerpo humano. El tratado médico más antiguo, el Papiro de Ebers (1500 a. C.), procede del Antiguo Egipto y recoge cerca de 700 fórmulas y remedios medicinales. Los egipcios ya contaban con una especie de médicos especializados que combinaban sus conocimientos con invocaciones mágicas a los dioses. Y aunque sus conocimientos de fisiología o anatomía fueran escasos, los embalsamadores ya sabían que el hígado, el estómago, los intestinos y los pulmones eran tan indispensables que había que conservarlos para vivir en el Más Allá. Por ello los depositaban en los vasos canopes, unos recipientes especiales donde se colocaban las vísceras de los difuntos lavadas y embalsamadas para la otra vida.

Así, el Papiro de Ebers incluye remedios para el tratamiento de quemaduras, entre otras dolencias, basados en la aplicación de diferentes sustancias, como estiércol de gato, el cual se debía quemar, aplastar y frotar junto con levaduras fermentadas. Iban ya encaminados al beneficio que suponía el uso de probióticos y fermentados, pero aun así su esperanza de vida no pasaba de los 30 y pico.

Parece que la legendaria belleza faraónica e hipnótica de Cleopatra no era solo una cuestión de genética, sino que se potenciaba con sus rituales de belleza, como sus baños diarios en leche de burra, mezclada con miel y aceite de rosas. Hoy en día sabemos que el ácido láctico (un hidroxiácido, AHA) presente en la leche tiene propiedades exfoliantes suaves, de modo que junto con la miel y el aceite de rosas habría revelado una piel suave, limpia, hidratada y perfumada.

Tanto la mezcla con estiércol de gato como la de la leche de burra son ejemplos de sustancias medicinales que se usaban para tratar dolencias o problemas corporales. Por tanto, una sustancia medicinal es toda materia de origen humano, animal, vegetal o químico a la que se atribuye una actividad terapéutica.

¿Qué diferencia un medicamento de un alimento?

«Que tu medicina sea tu alimento, y el alimento tu medicina.» Esta famosa frase es de Hipócrates, uno de los grandes médicos de la antigua Grecia que sentó las bases del juramento hipocrático, un compromiso por el que todo médico jura actuar con ética.

Aunque los alimentos pueden presentar propiedades medicinales, hoy en día no pueden considerarse medicamentos como tal, ya que presentan cantidades muy variables de principios medicinales. Mientras que **la composición** de un **medicamento** está estrechamente **definida, regulada, analizada y probada en ensayos clínicos**, los complementos alimenticios a base de plantas o alimentos contienen una cantidad no regulada o establecida de principios activos. Los medicamentos se diseñan para curar o paliar los síntomas de las enfermedades, optimizando su composición para una mayor eficacia con un mínimo efecto secundario, mientras que los complementos alimenticios regulan o reequilibran el cuerpo, sirviendo de apoyo o reforzando los niveles de vitaminas, minerales, nutrientes, e incluso la microbiota natural del cuerpo.

Por ejemplo, si un paciente tiene tendencia a las hemorragias o a los hematomas, podría deberse a la falta de vitamina K, uno de los factores esenciales para la coagulación. Tenemos 3 alternativas, según la gravedad de los síntomas:

1. Se le puede dar el medicamento que lleva vitamina K con una dosis estrechamente regulada y una pauta muy controlada que ha demostrado eficacia clínica.

2. Otra opción es darle un complemento alimenticio que incluya probióticos, un conjunto seleccionado de bacterias beneficiosas que repueblan nuestra flora intestinal y sintetizan esta vitamina. Sin embargo, con este método no controlaremos cuánta vitamina K está realmente absorbiendo el cuerpo a partir de estas bacterias, con lo que el efecto no es tan inmediato y específico. También, podemos administrar complementos alimenticios vitamínicos que incorporen vitamina K.

3. Una tercera opción es asegurarse que este paciente toma alimentos ricos en vitamina K, como hortalizas de hoja verde, aceites vegetales, arándanos, higos, carne, queso, huevos o granos de soja.

Tanto el medicamento (opción 1) como el complemento alimenticio (opción 2) o los alimentos (opción 3) contienen vitamina K, pero su eficacia e inmediatez a la hora de suplir el déficit serán diferentes. A largo plazo, lo mejor es recurrir a la alimentación variada para asegurar que no llegamos a tener ningún déficit.

¿En qué se diferencia un fármaco de un tóxico o una droga?

La palabra «fármaco» deriva del griego *phármakon*, que significa «remedio», «cura», «veneno» o «droga», entre otras acepciones. Los fármacos se expenden en forma de medicamentos, los cuales contienen uno o más **principios activos** (es decir, las sustancias que ejercen la acción biológica) y varios **excipientes** (las sustancias empleadas para su fabricación que aseguran que el fármaco llega a su diana terapéutica). Las dosis de los fármacos deben estar estrechamente reguladas, ya que sus efectos terapéuticos o secundarios dependerán de la dosis. De ahí que haya que tomarlos con una pauta posológica o prescripción concreta; por ejemplo, 3 comprimidos al día cada 8 horas.

Veamos el caso del jarabe para la tos, donde el principio activo codeína se prepara disuelto en el excipiente jarabe, es decir, una disolución de agua y azúcar (sacarosa) concentrada. Este tipo de formulación farmacéutica para la codeína como antitusivo asegura que el viscoso y dulce jarabe permanece el tiempo suficiente en las vías respiratorias, suavizando el posible carraspeo, lo que junto con los efectos farmacológicos de la codeína en el centro de la tos (sistema nervioso central) alivian de forma efectiva esta dolencia.

Los excipientes son los encargados de conferir a los principios activos la forma farmacéutica (pastilla, cápsula, jarabe, sobres, óvulo, supositorio, etc.). Por tanto, determinan la vía de administración, que puede ser tópica o externa, o bien oral, sublingual, intramuscular, intravenosa, respiratoria, ótica, oftálmica, rectal o vaginal.

Normalmente, cada medicamento tiene un nombre comercial que le otorga el laboratorio que lo desarrolla y comercializa por primera vez, y por tanto tiene la patente. Por ejemplo, los nombres comerciales como Viagra, Sintrom, Voltarén o Prozac contienen estos principios activos, respectivamente: sildenafilo, acenocumarol, diclofenaco y fluoxetina. Por tanto, cuando compras un «medicamento de marca» con un nombre comercial, significa que lo compras a la empresa farmacéutica que lo desarrolló inicialmente. Cuando expira la patente después de 20 años, el principio activo puede ser comercializado en forma de «medicamento genérico». En ocasiones, los genéricos pueden asimismo crear su propio nombre comercial; por ejemplo, Galotam incluye al genérico sildenafilo.

Hoy en día se usa la palabra «**tóxico**» para referirnos a aquella sustancia que no está destinada al uso clínico (lejía, detergentes, o cualquier fármaco en una dosis no pautada, etc.), pero que accidental o intencionalmente entra en contacto con nuestra piel o mucosas. Por otra parte, la palabra «**droga**» se limita a designar sustancias de uso social que modifican estados del ánimo, como la cocaína, el éxtasis, el tetrahidrocannabinol (THC), la mescalina, los hongos alucinógenos, etc. Esta distinción es útil en la lengua castellana, pero en el sistema anglosajón, prácticamente todo se incluye bajo el vocablo *drug* («droga»).

¿Por qué cualquier estudio de eficacia de un medicamento debe incluir un placebo o grupo control?

Durante la fase de investigación y desarrollo de los medicamentos, estos deben pasar por una serie de fases experimentales. Cuando se decide dar el paso de realizar un ensayo clínico en humanos, se debe disponer de evidencias de eficacia y seguridad de estudios preclínicos en animales. Una vez estos han sido superados con éxito, se pasa al estudio de la seguridad y eficacia del tratamiento en humanos (fase 1 a fase 3), y se va aumentando progresivamente el número de personas en los que se testa.

Si se superan los estudios en humanos, se solicita la aprobación del medicamento ante autoridades sanitarias como la Agencia Europea del Medicamento (EMA) o la Food and Drug Administration (FDA) en Estados Unidos. Cualquier anormalidad durante este trámite lleva a la abrupta suspensión del desarrollo del medicamento en cuestión. Una vez comercializado, se sigue con la farmacovigilancia (fase 4), que implica vigilar cualquier reacción adversa que pueda aparecer en la población general a gran escala.

Cuando un medicamento empieza a comercializarse y se registra, deben presentarse datos de seguridad y de eficacia clínica a partir de ensayos clínicos en una población muy amplia (fase 3). Por tanto, para poder demostrar que un medicamento funciona, deben aportarse datos concretos de mejora de alguna variable clínica (presión arterial, niveles de colesterol, número de infectados, etc.) respecto a un grupo control o que recibe placebo. Los estudios deben ser aleatorizados, porque hay que distribuir a la población en grupos (tratamiento frente a placebo) de forma aleatoria o indistinta. También deben ser doble-ciego lo que significa que ni el paciente ni el médico que hace el seguimiento saben si el paciente toma el tratamiento real o el placebo.

Toda esta organización a la hora de realizar un ensayo clínico es clave para determinar que un medicamento es eficaz. Esto se debe al poder de sugestión de nuestra mente, pero también a las expectativas de curación que podría depositar el médico en el paciente. El hecho de que la persona enferma tome el medicamento convencida de que va a curarle genera un condicionamiento que activa las vías de curación fisiológicas, lo que se conoce como «**efecto placebo**».

Así, este conocimiento que data de principios del siglo XX se usó durante la segunda guerra mundial para paliar el dolor de los soldados con grandes heridas de guerra cuando se agotaban las existencias de anesté-sicos como la morfina. La mera inyección de una solución de agua con sal producía los mismos efectos y se podían practicar cirugías inimaginables sin anestesia.

El efecto placebo también se produce en los animales, así que cada vez que se realiza un experimento científico se debe comparar respecto a un grupo de control o que recibe un placebo. Es decir, tanto si se hace una cirugía como si se inyecta una sustancia, el grupo control debe recibir el mismo tipo de intervención (falsa cirugía, inyectar solución salina sin acción farmacológica, etc.) para poder comparar los resultados. Esto lo sabemos bien los investigadores, porque sin los correspondientes controles ¡no se puede publicar ni en la revista del barrio!

Además, parece que los humanos presentamos ciertas preferencias a la hora de «sentir el efecto de un medicamento». Aquellos que son más caros, que son recetados por médicos más prestigiosos, que tienen un determinado color o que presentan una formulación farmacéutica concreta parecen ser más efectivos en determinadas poblaciones.

También podemos sentir el efecto opuesto, el **efecto nocebo**. Esto implica que nos sugestionan para sentir dolor o enfermedad, lo cual sucedió en un grupo de personas a las que se hizo creer que tenían un virus y acabaron desarrollando los síntomas. Mientras el efecto placebo cura y alivia, el efecto nocebo causa y origina los síntomas. Incluso somos capaces de fingir borracheras si creemos que estamos bebiendo *gin-tonics* en vez de agua tónica con limón.

¿Tienen las plantas menos efectos secundarios que los medicamentos?

El uso de plantas con fines terapéuticos se inicia en la prehistoria, y sus bases se asientan en la observación e imitación de costumbres del mundo animal.

La celidonia (*Chelidonium majus*), o planta de las golondrinas, contiene un jugo cáustico que, según la leyenda, lo usan las golondrinas para destruir la membrana ocular de sus crías que les impide su visión al nacer. Algunas serpientes ingieren una planta similar al ginseng (*Panax notoginseng*) para frenar sus hemorragias. Los animales también usan las plantas de forma externa para frotarse la piel o el pelaje, y evitar así infecciones o parásitos. Por ejemplo, las aves tapizan sus nidos con hojas de neem (*Azadirachta indica*), que tiene fuertes propiedades insecticidas, para proteger a sus polluelos de indeseados intrusos. Incluso se ha observado que los gorriones cambian las hojas de sus nidos de neem por las del clavellino (*Caesalpinia pulcherrima*) durante un brote de malaria, al ser ricas en quinina, un alcaloide muy potente para tratar esta enfermedad.

Aunque la naturaleza es un manantial de salud y una fuente inagotable de sustancias medicinales, también lo es de venenos y tóxicos cuya ingesta es letal en algunos casos. Que se lo digan a Sócrates, que lo ejecutaron con bebida de cicuta (*Conium maculatum*), o al pelotón de soldados franceses enviados por Napoleón y fallecidos durante la guerra de la Independencia Española de 1808, por hacer una barbacoa aderezada con ramas de adelfa (*Nerium oleander*), el arbusto que separa las medianas de las carreteras.

Incluso cuenta la leyenda que las brujas usaban un «ungüento mágico» a base de estramonio (*Datura stramonium*) que se aplicaba por vía vaginal (supuestamente mediante un palo) para producir alucinaciones y orgasmos debido a sus propiedades alucinógenas. No es de extrañar que se las representara a lo largo de la historia volando sobre un palo de escoba. Pequeñas dosis de estramonio son suficientes para inducir el coma y la muerte.

La **fitoterapia** es una rama de la ciencia que se basa en el uso de plantas medicinales para tratar y prevenir enfermedades. Supone una alternativa o complemento a los medicamentos, pero hay que saber que no está exenta de **contraindicaciones y efectos secundarios**. ¿A quién no le gusta degustar una infusión de camomila o romero, o incluso experimentar su agradable olor y sabor? Entre los muchos beneficios que tienen estas plantas figura la reducción del estrés, así como el alivio de los problemas estomacales e incluso del insomnio.

De hecho, la gran mayoría de los medicamentos que consumimos hoy en día presentan principios activos aislados de plantas. Por ejemplo, para el tratamiento del cáncer basado en la quimioterapia se usa el paclitaxel, un alcaloide aislado a partir de la corteza del tejo (*Taxus brevifolia*). Lo mismo ocurre con multitud de tratamientos y patologías.

Sin embargo, las plantas producen sustancias con actividad medicinal en respuesta a los factores ambientales, con lo que la concentración de estas puede ser una auténtica ruleta rusa. Por ejemplo, se sabe que el picante de los pimientos de Padrón («unos pican y otros no») se debe a la diferente concentración de capsaicina, la cual se ve influida enormemente por la cantidad de agua, la temperatura, los nutrientes, la luz, etc., que han recibido los pimientos durante su crecimiento.

Todos estos factores difícilmente controlables contribuyen a la «aleatoriedad» en la presencia de estas sustancias medicinales. Lo mismo ocurre con todos los principios activos que contienen las plantas. Por eso los productos naturales pueden presentar los mismos efectos secundarios y las mismas interacciones que los medicamentos, con lo que hay que tomarlos con **precaución e informar a nuestro médico o farmacéutico**. De hecho, si algo hemos conseguido con la ciencia y la investigación para aumentar la calidad y cantidad de años que vivimos, es lograr sacar lo mejor de las plantas para asegurarnos de que optimizamos sus principios activos consiguiendo el mayor efecto beneficioso con el menor daño posible.

¿Es verdad que las vacunas tienen origen vacuno?

La persona que más vidas ha salvado a lo largo de la humanidad es, sin duda, el médico rural Edward Jenner, el descubridor de las vacunas. Las vacunas constituyen una de las revoluciones médicas más importantes de la historia; sin ellas, nuestra calidad y cantidad de vida se vería terriblemente mermada.

La administración de una vacuna supone inocular una parte del patógeno que no es capaz de producir la enfermedad, pero que informa a nuestro sistema inmunitario sobre su existencia y sobre cómo debe combatirlo. Vamos, es como hacer un examen habiendo estudiado. ¿Te arriesgarías a ir sin estudiar? Yo no.

El primer paso para hacer un buen hallazgo científico es la observación. Retrocedamos a la Inglaterra del siglo XVIII, donde la población se encuentra azotada por diversas enfermedades como la viruela, que ya llevaba varios siglos desfigurando las facciones y llevándose por delante a millones de personas. El médico Edward Jenner observa que las ordeñadoras de vacas, cuando están en contacto con animales infectados por la viruela bovina, solo sufren algunos síntomas, como pequeñas ampollas en las manos. Además, nota que estas mujeres no desarrollan ni se contagian de la viruela humana, tan letal.

Encontrando algún tipo de correlación, Jenner piensa que inoculando un virus leve como el de la viruela bovina se podría proteger a las personas frente a la variante humana más mortífera. Ni corto ni perezoso, toma una pequeña cantidad de líquido de las pústulas de la mano de una ordeñadora con viruela bovina y la inocula en el brazo del hijo de su jardinero. A los 48 días, cuando este se recupera completamente de los síntomas de la viruela bovina, Jenner le inyecta la viruela humana y confirma sus sospechas: el niño no muestra ningún síntoma, ni desarrolla la enfermedad.

Aunque el origen de las vacunas data del siglo XVIII, no fue hasta el siglo XIX cuando, gracias a los descubrimientos de Louis Pasteur, empezó a ser un procedimiento médico avalado y común. Pasteur acuñó el término «vacuna» (del latín *vacca*) en homenaje a Jenner. La inmunidad generalizada debida a la vacunación es la gran responsable de la erradicación mundial de la viruela desde 1980 y de la disminución de enfermedades como la poliomielitis, el sarampión y el tétanos en la mayor parte del mundo.

Hoy en día, las vacunas han posibilitado que las pandemias mundiales puedan superarse en un período de varios años en vez de alargarse durante siglos, como en la Antigüedad. Incluso se han introducido numerosas innovaciones en cuanto a su diseño, que permiten una mayor rapidez y menos efectos secundarios. Así, aunque clásicamente las vacunas han estado constituidas por patógenos lisados o inactivados, o incluso por partes o proteínas de los mismos, recientemente se ha empezado a usar el ARNm, el intermediario en la síntesis de proteínas. Una vez administrado, el ARNm hace uso de la maquinaria celular para sintetizar una de las proteínas del virus, con lo que el sistema inmunitario puede identificar al virus real con facilidad, impidiendo el desarrollo de la enfermedad.

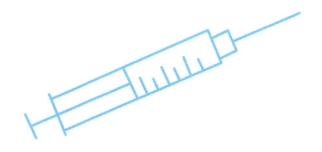

✳ 19 ✳

Es hora de pasar a la acción: el viaje del fármaco

«¡Eureka! ¡Esto es pura serendipia!», gritaba Alexander Fleming desde su despacho en el hospital St. Mary's de Londres el 3 de septiembre de 1928. Acababa de llegar de sus vacaciones estivales en Suffolk y se maldijo por haber dejado olvidada una placa de bacterias abierta. En vez de desecharla inmediatamente, la observó con atención y pudo ver que se había contaminado con hongos o moho. Y lo más curioso es que justo alrededor del moho había un área vacía, un halo donde las bacterias habían sido destruidas.

Estaba ante el hallazgo científico del siglo XX: el descubrimiento de la penicilina a partir del hongo *Penicillium notatum.* Todo descubrimiento siempre viene acompañado de una labor menos sensacionalista pero absolutamente esencial: la de la química farmacéutica, que fue llevada a cabo por Howard Florey y Ernst Chain en la Universidad de Oxford.

Ya sabían que el hongo contenía una sustancia, la penicilina, con propiedades antibacterianas, pero ahora había que aislarla y poder administrarla sin toxicidad y a una dosis eficaz a los enfermos. Pasaban los años y no se lograban resultados concluyentes. Los experimentos con ratones mostraban que si se administraba por vía oral, se destruía en el estómago, y que si se inyectaba sin purificar por vía intravenosa, resultaba tóxica. Estalló el conflicto bélico más grande de la historia, la segunda guerra mundial (1939-1945), con lo que la responsabilidad y la presión por aislar un compuesto eficaz era tremenda.

En 1940, Florey realizó experimentos que demostraron que la penicilina purificada curaba a ratones con una infección letal por estreptococos. Pasaron a probarla en humanos y trataron al primer paciente con una infección bacteriana generalizada en la sangre (septicemia) y con muy mal pronóstico; ese paciente presentaba enormes abscesos (acumulación de pus) en cara y pulmones que le habían hecho perder un ojo. Era el policía Albert Alexander, que, según la leyenda popular, contrajo la infección como consecuencia de «un pinchazo mientras podaba rosales», una metáfora que representa las heridas de guerra.

A pesar de notar una mejoría importante tras los primeros días de tratamiento, la excreción del fármaco en orina era demasiado rápida como para mantener unas concentraciones sanguíneas de penicilina eficaces. ¡Era como llenar una bañera sin tener el tapón puesto! Se recogía la orina del paciente y se purificaba de forma desesperada la penicilina para volverla a administrar. Llegó un momento en que no consiguieron aislar bastante penicilina, y Alexander acabó muriendo.

La industria farmacéutica de Estados Unidos, que había sido informada de los hallazgos sobre la penicilina por los propios investigadores, impacientes por conseguir financiación, no tardó en instituir un programa intensivo de producción de penicilina. Gracias a esto se salvaron millones de soldados con heridas sufridas en el campo de batalla. En 1945, Fleming, Florey y Chain recibieron el Premio Nobel de Medicina por su labor conjunta, aunque muchos otros científicos no mencionados también contribuyeron al desarrollo de este fármaco.

¿Por qué no se pueden abrir las cápsulas o partir las pastillas?

Si con la comida no se juega, con los medicamentos menos. Cambiar la posología o forma de administración de los medicamentos modifica su eficacia y también su seguridad. No es lo mismo administrar un medicamento por vía oral (también conocida como «enteral») que por vía intravenosa o respiratoria, ya que el viaje del fármaco es totalmente distinto. Por ejemplo, como hemos visto en el caso de la penicilina, por vía oral se inactiva y no ejerce ningún efecto, siendo la vía intra-venosa la única posible. Ni siquiera dentro de una misma vía, como la oral, debemos cambiar su forma de administración, ya que igual el medicamento se ha diseñado para una absorción sublingual, estomacal o intestinal.

Cuando se diseña un fármaco, la **química farmacéutica** es la encargada de optimizar el viaje de ese fármaco desde el momento en el que se administra hasta su total eliminación del cuerpo para que ejerza un mayor efecto terapéutico y un mínimo efecto secundario.

La **farmacocinética** es la rama de la farmacología que estudia estos procesos de liberación del fármaco, absorción, metabolismo, distribución y eliminación. Por ejemplo, si en el caso del policía Albert Alexander la penicilina no permanecía a una concentración mínima el tiempo suficiente en sangre como para ejercer su efecto, se podría haber prolongado su vida media asociándola a moléculas que aumentaran su tamaño y su afinidad por los tejidos.

Tanto las propiedades físico-químicas del fármaco (pH, ionización, tamaño de sus partículas, liposolubilidad, etc.) como su formulación (el tipo de excipientes), su interacción con otras sustancias, así como las características de cada persona van a determinar su **acción farmaco-lógica**. Esta viene condicionada por la cantidad de fármaco que se libera del medicamento (pastillas, cápsulas, sobres, etc.), y por cuánto es absorbido, distribuido, metabolizado y excretado.

Por ejemplo, a mi amiga Rocío le pautaron probióticos intestinales, unas bacterias buenas que ayudan a la recuperación de las mucosas, después de haber tomado un tratamiento con antibióticos fuertes que destruyen todo tipo de bacterias, las buenas y las malas. Los probióticos venían en cápsulas, pero ella, rebelde por naturaleza, se las tomó abriendo y vertiendo su contenido en zumo de naranja. Si un medicamento viene en forma de cápsulas es porque o bien su contenido tiene muy mal sabor, o bien porque la cápsula protege el medicamento del pH ácido estomacal (el cual destruye o inactiva el fármaco), o bien porque así se protegen las mucosas del fármaco. Rocío empezó con diarreas, y hasta que no comprobó con su farmacéutico que estaba tomando mal el probiótico, las diarreas no remitieron.

Lo mismo ocurre con el fraccionamiento de las pastillas. Estas no se deben partir, a no ser que lleven una ranura marcada en la propia pastilla. Las cubiertas especiales de las pastillas que no deben romperse, ya que perderían sus propiedades, pueden ser de **liberación prolongada**; esto quiere decir que permiten que el fármaco se libere lentamente una vez ingerido, con lo que su efectividad se prolonga en el tiempo (en la caja suelen figurar estas palabras: *retard*, oros, neo, ocas o liberación prolongada). También pueden ser **gastrorresistentes**, lo que significa que impiden la degradación gástrica.

Otro ejemplo en el que un cambio de posología afecta a la curación del enfermo es en la administración de nitroglicerina sublingual. La vía sublingual es una de las más rápidas, aparte de que evita la inactivación que hace el hígado de algunos fármacos. Pedro empezó a padecer dolor agudo en el pecho, y en vez de tomarse su medicación sublingual como le había indicado el farmacéutico, se tragó el comprimido. Esto hizo que su repentino dolor de pecho no solo no desapareciera, sino que le incrementó, y tuvo que acudir a Urgencias, donde le trataron adecuadamente.

¿Cómo sabe un medicamento dónde me duele?

Una vez el medicamento ha sido absorbido en nuestras superficies corporales por diferentes mecanismos (difusión pasiva, transporte activo, pinocitosis, etc.), pasa al torrente sanguíneo, donde se distribuye por todo el cuerpo. El acceso a los diferentes compartimentos corporales viene determinado sobre todo por las diferentes características de solubilidad del fármaco, que puede ser más afín a la grasa (lipofílico) o más afín al agua (hidrofílico).

Nuestro cuerpo puede dividirse en **3 compartimentos o niveles** en los que el medicamento se distribuye de manera uniforme. El acceso a estos niveles es el que determina el **órgano diana** de un medicamento, así como su **tiempo de permanencia** en el cuerpo. Ocurre como cuando pasas de nivel jugando al juego Mario Bros: si solo pasas al primer nivel, te eliminan rápido; pero si avanzas hasta el tercero, estás más tiempo jugando.

Lo mismo ocurre con los fármacos. Los que son afines al agua se mantienen en el torrente sanguíneo, lo cual sería el primer nivel, también llamado **agua plasmática**. Los que presentan cierta solubilidad en grasas atravesarán las paredes de los capilares (endotelios) y podrán

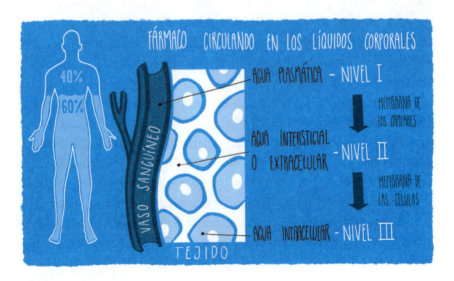

llegar al **agua intersticial o extracelular** (nivel 2). Por último, los más liposolubles tenderán a llegar al tercer compartimento, que constituye el **agua intracelular** (nivel 3), atravesando las membranas celulares.

De esta forma, los medicamentos se diseñan o se seleccionan con las características estructurales idóneas para permanecer en el compartimento donde ejercerán su acción. Por ejemplo, la aspirina, cuyo principio activo es el ácido acetilsalicílico, actúa en el torrente sanguíneo (el primer compartimento), impidiendo la agregación plaquetaria, y por tanto, la formación de coágulos. Hay que tener cuidado con la aspirina y la menstruación. Mi amiga Irene presentaba sangrados menstruales muy dolorosos, por lo que decidió automedicarse con aspirina. Esto hizo que las reglas fueran muy abundantes y prolongadas, llevándola a desarrollar una anemia severa. Cuando me preguntó, le dije que la aspirina era la causante, y al dejar de tomarla, se recuperó.

Todos sabemos que los antihistamínicos, los medicamentos usados para tratar los síntomas de la alergia, pueden producir somnolencia. Esto se debe a que son muy lipofílicos y pueden atravesar la barrera hematoencefálica, una barrera especial que separa el sistema nervioso central del resto del cuerpo. Una vez allí, provocan somnolencia, al bloquear los receptores de histamina H1, los cuales controlan nuestro estado de vigilia y el hambre. Una pequeña modificación en la estructura de los antihistamínicos llevó al diseño de los antihistamínicos de segunda generación, que al tener grupos químicos más polares o solubles en agua, no llegan al sistema nervioso central y, por tanto, no inducen sueño. Estos antihistamínicos se mantienen en el segundo compartimento, que incluye el torrente sanguíneo más el líquido intersticial.

Un ejemplo de fármacos que llegan al tercer compartimento (el agua intracelular) son las quinolonas, con propiedades antimicrobianas; ejemplos de ello son el ciprofloxacino o la azitromicina. Existen bacterias, como *Salmonella*, que es la que causa la salmonelosis y produce unas diarreas muy intensas, que pueden vivir dentro de nuestras células; por ello se necesitan antibióticos capaces de llegar a este tercer nivel, que es el líquido intracelular. Solo si penetran en el interior de las células, podrán destruir a estas bacterias intracelulares.

Aunque los fármacos se distribuyen de forma uniforme dentro de cada compartimento, siempre existirá un **reparto preferencial** del fármaco en lugares inflamados. Esto se debe a que la **inflamación** potencia tanto el aumento del **flujo sanguíneo** a la zona como el incremento de la **permeabilidad de los capilares** de los tejidos, es decir, el espacio que hay entre las células de las paredes de los capilares que deja pasar las sustancias a los tejidos.

Además, hay sustancias que, por sus características, tienen afinidad por las proteínas que circulan en el plasma, o por determinados tejidos como el adiposo, el hueso, el hígado o los riñones, lo cual hace que estos sirvan como «reservorio» de estas sustancias. Dado que solo la fracción libre del fármaco es la que ejerce el efecto terapéutico, estos reservorios aumentarán su tiempo de permanencia en el cuerpo y, por tanto, se prolongará su acción.

Una vez el medicamento acceda físicamente a su **órgano diana**, su mecanismo de acción dependerá de su **unión específica** a determinadas proteínas celulares, que hará que estas se inhiban (fármacos antagonistas) o se activen (fármacos agonistas) de forma reversible o irreversible. Por ejemplo, el ibuprofeno inhibe de forma reversible las enzimas COX1 y COX2, encargadas de producir moléculas inflamatorias, y por tanto, disminuye la inflamación y el dolor; por su parte, el paracetamol inhibe mayoritariamente la COX3 ubicada en el cerebro, con lo que su uso será preferencial para eliminar el dolor de cabeza. Dado que la COX1 y 2 se encuentran distribuidas por todos los tejidos, los efectos del ibuprofeno y otros antiinflamatorios no esteroideos serán generales (aunque preferentemente en zonas inflamadas por el mayor flujo sanguíneo), pero nosotros tendremos la sensación de que han actuado donde nos dolía, precisamente porque es la parte del cuerpo donde poníamos nuestra atención.

¿Qué son las moléculas teragnósticas?

Más allá de mejorar las terapias o el diagnóstico de las enfermedades, ahora se pretende combinar ambas cosas en un campo emergente de la medicina denominado «teranosis», un nombre compuesto a partir de las palabras «**terapéutica**» y «**diagnóstico**». Así, se están diseñando materiales o partículas **teragnósticas**, que unen moléculas de diagnóstico y fármacos en una sola partícula.

Por ejemplo, para el tratamiento y diagnóstico de los tumores se pueden usar partículas nanoteragnósticas bifuncionales. Por un lado, estas partículas se unen a receptores tumorales específicos, lo que permite detectar por técnicas de radioimagen y de forma inequívoca la ubicación y el tamaño del tumor. Al mismo tiempo permiten tratarlo, ya que con esta unión al receptor pueden modificarse las propiedades de estas partículas nanoteragnósticas para que liberen un fármaco o una sonda, o incluso generen radicales libres o hipoxia, destruyendo de forma específica el tumor.

✳ 20 ✳
En un lugar de tu hígado, de cuyo nombre... Interacciones y reacciones adversas

En un lugar de tu hígado, de cuyo nombre sí quiero acordarme, hace mucho tiempo que viven los hepatocitos, unas células de gran reputación digestiva y funcional. El hígado se ubica en la parte superior derecha de tu abdomen y está compuesto por dos lóbulos, que funcionan con un metabolismo continuo y drenan a través de un conducto biliar.

El hígado es el gran punto de encuentro de todas las sustancias absorbidas en el intestino y uno de los órganos más importantes del cuerpo. Tanto los alimentos como los medicamentos ingeridos por vía oral son absorbidos y transportados por la vena porta hacia los hepatocitos donde son procesados. El proceso de detoxificación implica a un conjunto de enzimas cuya función es inactivar o desestabilizar cualquier sustancia, sobre todo las tóxicas, para que sean más hidrosolubles y se excreten en la orina. Desde las más guerreras, como el alcohol o los medicamentos, hasta las más dóciles, como las proteínas o los hidratos de carbono de la dieta. Todas se encuentran en el hígado.

¿Puedo vivir sin un trozo de hígado?

Sin hígado, nuestra existencia es imposible, ya que no solo detoxifica compuestos, sino que regula la glucosa sanguínea, la producción hormonal, el sistema inmunitario, la digestión de las grasas, la síntesis de proteínas plasmáticas, el almacenamiento de vitaminas y minerales, así como la producción de glóbulos rojos durante nuestra vida intrauterina. Es un auténtico milagro de órgano, ¡al igual que todo nuestro cuerpo! Además, presenta una **capacidad de reparación** asombrosa: hasta un cuarto de hígado es capaz de regenerar el hígado completo en cuestión de meses.

Es absolutamente asombroso que los griegos ya conocieran la gran capacidad de regeneración del hígado y la plasmaran en el mito de Prometeo, en el que se narra el castigo impuesto al titán Prometeo por haber robado el secreto del fuego a los dioses y haberlo entregado a los humanos. Prometeo es atado a una roca en lo alto del monte Cáucaso, y un águila se alimenta a diario de su hígado, el cual se regenera todos los días de forma ininterrumpida, dando de comer al águila.

Sin embargo, aunque el hígado tenga esta alta capacidad de regeneración, esta solo puede darse si el hígado se encuentra en **buen estado de salud** y no presenta procesos patológicos como cirrosis hepática o hígado graso, entre otros. Además, a diferencia de los riñones, no existe la posibilidad de realizar un proceso externo que sea capaz de suplir la función del hígado, con lo que el trasplante es la única opción.

Cuidar el hígado es fundamental. Cuando no funciona adecuadamente, puede generar dolores de cabeza, oscurecimiento de la orina, cambios en el aspecto de las heces, pérdida del apetito, náuseas y vómitos, diarrea, ansiedad y depresión, retención de líquidos, etc. Para tener un hígado sano, con una alta capacidad funcional:

* Limita el consumo de alcohol, sobre todo si es excesivo o crónico.
* Reduce la posibilidad de mezclar fármacos con medicamentos de venta libre, plantas medicinales o suplementos.
* Sigue una dieta saludable.
* Reduce tu grasa corporal y realiza ejercicio de forma regular.

¿Puede una infusión natural anular el efecto de un medicamento?

La respuesta es afirmativa, y la causa subyace en tu hígado.

¿Te has fijado en el olor de tu orina después de comer espárragos? Además de fibra, vitaminas y minerales, los espárragos contienen una sustancia, el ácido asparagúsico, que al ser metabolizado por nuestro hígado, produce compuestos volátiles, que se evaporan al orinar y le dan su olor característico. Si no lo has notado, no te preocupes, pues en torno al 30 por ciento de la gente carece del receptor olfativo para estas sustancias. Tu dosis diaria de cafeína también se metaboliza en el hígado mediante estas reacciones, y en ocasiones también podrás olerla en tu orina.

En este sentido, el hígado se posiciona como un laboratorio de química en el que casi todo lo que entra sale modificado. En tus hepatocitos se ubica una gran variedad de enzimas que llevan a cabo unas reacciones químicas que transforman cualquier sustancia extraña (xenobiótica) en moléculas solubles que se excretan fácilmente en la orina. Este proceso se conoce como «**metabolismo hepático**» o «**biotransformación**».

Hay que tener en cuenta que algunos de estos procesos de detoxificación generan unas sustancias intermedias, llamadas «radicales libres», que pueden ser incluso más tóxicas que las moléculas originales y que tienen capacidad para alterar el ADN y las proteínas, produciendo daño hepático. De ahí que se recomiende evitar mezclar xenobióticos que se metabolicen en la vía hepática o interaccionen con ella.

La familia de enzimas del **citocromo P450** es la más representativa del metabolismo hepático. La mayoría de estas enzimas son **inducibles**, lo que significa que cuanto más trabajo tienen, más enzimas producimos, lo que implica que son capaces de transformar las sustancias ingeridas en menor tiempo. Este es uno de los mecanismos fisiológicos que subyace al desarrollo de la **tolerancia** y de la **necesidad de administrar dosis más elevadas para un mismo efecto**.

Existen algunos alimentos o medicamentos capaces de **inhibir** estas enzimas, lo cual hará aumentar la dosis del fármaco en sangre, y habrá riesgo de **toxicidad**. Por ejemplo, determinados antifúngicos (fluconazol), antivirales (ritonavir) o el jugo de pomelo (*Citrus aurantium*) producen una menor actividad de uno de los citocromos P450 (CYP3A4), con lo que aumentarán los niveles plasmáticos y la toxicidad de los medicamentos que este metabolice, como el ácido retinoico.

Al contrario, hay sustancias que inducen la expresión de estas enzimas, lo que causa una disminución de los efectos terapéuticos, al haber una menor concentración en sangre. Por ejemplo, los barbitúricos (fenobarbital) o la hierba de San Juan (*Hypericum perforatum*) inducen la expresión de estos citocromos, con lo que reducirán las concentraciones en sangre de medicamentos como los anticonceptivos orales o la warfarina. Tú tan tranquila tomándote tu infusión de hierba de San Juan (con propiedades antidepresivas), pensando que es natural y no presenta ningún problema, y mientras tanto tus niveles sanguíneos de anticonceptivos orales no llegan a sus niveles terapéuticos. ¡Vaya riesgo!

Ambas interacciones son de especial relevancia en fármacos con **estrecho margen terapéutico**, es decir, aquellos cuya **dosis terapéutica está muy cercana a la dosis tóxica**; ejemplos de ello son la teofilina (broncodilatador), la rifampicina (antibiótico), el litio (antipsicótico), la digoxina (cardiotónico), los anticoagulantes, los anticonceptivos orales, etc. También son relevantes en fármacos que necesitan tener una concentración plasmática sostenida para ejercer su efecto, como los antibióticos.

Por otro lado, el hígado también elimina sustancias más grasas como el colesterol, las hormonas esteroideas, la bilirrubina, etc., junto con las sales biliares (un líquido verdoso) en el intestino, que saldrán por vía fecal. De hecho, es el metabolismo de la bilirrubina por parte de las bacterias intestinales del intestino grueso el que la transforma en una serie de pigmentos (urobilinógenos) responsables del característico color amarillo-marrón de las heces. La bilirrubina surge como resultado del metabolismo de la hemoglobina de los glóbulos rojos viejos, desgastados o rotos. Si como en la canción de Juan Luis Guerra «te sube la bilirrubina» en sangre, lo que te dará una coloración amarillenta conocida como ictericia, es o bien porque hay una mayor cantidad de glóbulos rojos que se están rompiendo, o bien porque existe algún problema en el vaciado de la bilis del hígado al intestino.

¿Interfiere el alcohol con los antibióticos?

Este es un gran dilema que se ha extendido en la cultura popular. Mi amiga Ana tomaba el antibiótico metronidazol para tratar una vaginosis bacteriana, un desequilibrio de las bacterias «buenas» y «dañinas» que viven en la vagina de la mujer. Se notaba un flujo vaginal grisáceo, además de dolor, picazón y ardor en la vagina. Empezó el tratamiento el lunes, y el sábado quedamos para salir, con lo que ese mismo día por la mañana decidió dejar de tomar el tratamiento (en vez de seguirlo los 7 días que tenía prescritos), ya que había notado una mejoría notable. El objetivo era poder beber alcohol ese mismo día por la noche. ¡Craso error! No solo el alcohol le sentó fatal y le provocó dolor de cabeza, palpitaciones (taquicardias), vómitos, mareos y pérdida de conciencia, sino que además su infección bacteriana no remitió y tuvo que volver al ginecólogo. Además, como su sistema inmunitario se debilitó, tardó aún más en recuperarse. Analicemos su caso.

El **alcohol** se descompone en nuestro hígado en **dos fases**: en la **primera fase,** la enzima alcohol deshidrogenasa transforma el alcohol en un compuesto muy reactivo y dañino, el llamado «**acetaldehído**», que es el responsable de los efectos adversos y de la resaca del alcohol. A continuación, **una segunda enzima,** la aldehído deshidrogenasa, convierte esta molécula tóxica en **acetato**, el cual es inocuo y eliminable en orina. El déficit de aldehído deshidrogenasa o la presencia de una isoforma lenta, es decir, una variante de la enzima que metaboliza muy lentamente el intermediario tóxico, lleva a una acumulación de este mediador y, por tanto, hace que se noten los efectos más desagradables del alcohol.

La ausencia de aldehído deshidrogenasa es muy frecuente entre la población asiática, de ahí que cuando beben un poco de alcohol, se pongan rojos y sufran picores, además de congestión nasal y mareos, entre otras dolencias. Básicamente, no experimentan los efectos agradables del consumo de alcohol, con lo que las tasas de alcoholismo en la población asiática son bajísimas, y su incidencia de cáncer por alcohol también.

Como curiosidad, os cuento que una servidora tiene la isoforma lenta. El análisis de mi isoforma de la aldehído deshidrogenasa en las prácticas de genética de la universidad no me sorprendió, pues nunca he disfrutado bebiendo alcohol. ¡Todo tiene su explicación!

El antibiótico metronidazol es uno de los fármacos que puede inhibir la aldehído deshidrogenasa, con lo que aumentará los efectos desagradables del alcohol, al hacer que se acumule el intermediario tóxico. Este medicamento, junto con otros que tienen el mismo mecanismo (por ejemplo, disulfiram o tinidazol), se usan precisamente para tratar el alcoholismo, ya que si la persona toma alcohol habiendo consumido estos medicamentos, sus efectos son tan desagradables que lo disuaden o desalientan para que evite el consumo del mismo.

Precisamente, al beber alcohol aquel sábado, Ana experimentó los efectos desagradables de forma exagerada. Esto, sumado a la deshidratación, al debilitamiento del sistema inmunitario y al abandono del antibiótico, le causaron una recaída más severa de la infección.

En otro tipo de antibióticos, como la doxiciclina, que sirve para tratar las infecciones de la piel, el efecto que tiene el alcohol es diferente.

Al actuar como un inductor enzimático, la combinación de ambos hace que la doxiciclina pierda eficacia incluso con dosis bajas de alcohol.

Como has visto, el principal motivo por el que se desalienta el consumo de alcohol durante tratamientos antibióticos es porque este puede debilitar el sistema inmunitario, tan necesario para combatir las infecciones bacterianas de forma eficiente. Además, se puede producir una reacción aumentada a los efectos desagradables del alcohol con el antibiótico, o incluso se puede anular la acción de determinados antibióticos. ¿Te falta algún motivo para pasarte a la 0,0?

¿Por qué cada persona puede responder de forma diferente a un tratamiento?

Un grupo de chicas quedó para probar los efectos de la marihuana (*Cannabis sativa*). Esta planta contiene, entre otras sustancias, tetrahidrocannabinol (THC), una molécula con propiedades psicoactivas que es capaz de unirse a unos receptores de nuestras neuronas (cannabinoides) para modificar cómo se comunican unas neuronas con otras.

Como lo de fumar no estaba entre sus preferencias, se decantaron por un bizcocho de chocolate que habían comprado en su viaje a Ámsterdam, donde su consumo es legal. Aprovecharon para comer unas buenas porciones, ya que el pastel estaba buenísimo, y no notaron ningún sabor u olor extraño. Al cabo de una hora empezaron a notar sus efectos: relajación, risas tontas, mareo, dificultad para hablar, boca seca, alteración de la percepción, pérdida de destrezas motrices, etc.

No solo cada una de ellas tenía una constitución genética diferente, sino que ese día cada una había comido y bebido distintos alimentos. Laura se había ido de *brunch* y había tomado alimentos en abundancia, con muchos vegetales, frutas e hidratos de carbono. Sandra había ingerido queso conservado en aceite. Julia estaba siguiendo una dieta a base de zumo de pomelo. Por último, Silvia padecía problemas de riñón. ¿Sabes cómo acabó la fiesta?

¡Pues muy mal! Gracias a que Laura se mantuvo más alerta, las otras 3 chicas lo pudieron contar. Ella fue la que sintió en menor medida los

efectos de la intoxicación de cannabis, al haber ingerido mayor cantidad de alimentos y de base acuosa (gazpacho andaluz, café, bol con frutas, etc.), los cuales retardaron y dificultaron la absorción del THC.

Al alterarse su sentido de la percepción, Sandra entró en un ataque de
ansiedad y pánico, pues no podía salir del estado de sedación y torpeza
en el que se encontraba. Julia empezó a mostrar debilidad de piernas y a
convulsionar. Silvia respiraba dificultosamente. Laura llamó a Urgencias y las ingresaron a todas. Silvia tuvo que ser intubada y entró en coma.

Por suerte, se recuperaron y todo quedó en un mal susto. En esta historia real puedes observar que hay miles de factores, aparte de las diferencias genéticas, que pueden determinar nuestra respuesta a las drogas.
La vía oral, que puede ser muy errática y lenta, suele conducir de forma
inconsciente a una mayor ingestión de drogas, lo que provocó que cada
una de las chicas (a excepción de Laura) llegara a intoxicarse a causa de
una serie de factores agravantes:

1. El aceite y el queso, que son comidas grasas, aumentan la absorción del THC, ya que es una molécula muy lipófila. Esto podría
   deberse a que las grasas incrementan el tiempo de tránsito gastrointestinal y estimulan la secreción de ácidos biliares que emul-
   sionan las grasas, favoreciendo así la disolución y absorción del
   THC.
2. El pomelo tiene unas sustancias que actúan como inhibidores
   enzimáticos, impidiendo el metabolismo del THC en el hígado y,
   por tanto, su excreción en orina.
3. Los problemas de excreción renal llevan a la acumulación de los
   metabolitos del THC en la sangre y, por tanto, a la intoxicación.

No se sabe con certeza cuál es la forma en que cada persona reacciona
a las drogas, de ahí que estén prohibidas y su consumo esté penado por
ley. No solo tienen efectos negativos a corto plazo y causan adicción,
sino que una sola dosis puede alterar nuestra química cerebral de por
vida o provocarnos la muerte. ¿No crees que nuestra fisiología corporal
y cerebral son demasiado perfectas como para alterarlas?

Sin embargo, no todo es negativo en lo que respecta a la planta de marihuana: tiene más de 100 componentes activos, muchos de los cuales no son psicoactivos, es decir, no intoxican. Además, estos componentes presentan muchas propiedades terapéuticas, como es el caso del cannabidiol (CBD). El cultivo controlado de marihuana permite la selección de cepas en las que predomina el CBD y tienen poca o ninguna cantidad de THC.

Los pacientes que recurren a la **marihuana medicinal** reportan un alivio del insomnio, la ansiedad, la espasticidad y el dolor crónico. España y Bélgica son, de momento, los dos únicos países de Europa Occidental que no han empezado a regular el uso del cannabis medicinal. En el resto de países se prescribe para disminuir los vómitos causados por la quimioterapia, para mejorar los síntomas de espasticidad muscular en la esclerosis múltiple o la fibromialgia, para evitar las convulsiones en determinadas epilepsias o para el dolor crónico en adultos, entre otras dolencias. Además, cada vez es más habitual la inclusión del aceite de CBD como ingrediente activo en productos cosméticos con propiedades antioxidantes, humectantes y antiinflamatorias.

La planta del cannabis constituye un buen ejemplo de cómo un producto natural puede contener tanto sustancias beneficiosas que se usan con fines terapéuticos como moléculas que pueden llegar a ser perjudiciales. Todo este conocimiento es posible gracias a la selección de los cultivos, pero también a las tecnologías de aislamiento y purificación de la industria farmacéutica, así como a la realización de ensayos clínicos que consiguen descubrir exactamente qué moléculas exhiben qué propiedades, y sobre qué receptores de nuestro cuerpo actúan.

¿Qué hago en caso de intoxicación?

La diferencia entre un veneno y un remedio es su dosis. Por tanto, en caso de ingestión accidental de algún tóxico habrá que **actuar con rapidez** para evitar su absorción o el daño intestinal. La primera medida frente a una intoxicación es llamar al teléfono del Centro Nacional de Toxicología (+34 915 620 420), el cual atiende las 24 horas del día en

España. Deberás explicar lo ocurrido, así como los síntomas que tiene la persona que se sospecha que se ha intoxicado, especificando la sustancia ingerida. Ellos te indicarán los primeros pasos que seguir, o si debes llamar al servicio de Urgencias (112) lo antes posible.

Algunos de los antídotos que se administran son estos:

* El **carbón activo**, que es similar al pan tostado, se adhiere a la superficie del tóxico y evita su absorción en las mucosas de nuestro cuerpo. Se considera el antídoto universal, ya que disminuye los efectos de la ingestión de una gran variedad de tóxicos, desde setas mortales, como la *Amanita phalloides*, hasta productos de uso común, como detergentes o insecticidas.

* La intoxicación por **paracetamol** (acetaminofeno) puede causar daño en el hígado, ya que su desactivación hepática requiere glutatión, un antioxidante natural que tenemos en el cuerpo. La **acetilcisteína** es un precursor de la molécula de glutatión, la cual frena o previene los daños hepáticos oxidativos del paracetamol.

* La intoxicación con **barbitúricos** (fenobarbital) puede producir una excesiva depresión del sistema nervioso y causar hipotensión arterial, la cual puede tratarse con vasopresores como la noradrenalina.

* La administración de **quelantes** como el EDTA es capaz de captar iones en su interior, como el plomo, el cadmio o el níquel, lo cual reduce rápidamente sus niveles en caso de intoxicación.

Ante una intoxicación con productos cáusticos o en personas inconscientes, se debe evitar la inducción del vómito, ya que se provocan graves quemaduras en las mucosas de la boca o el esófago; incluso podríamos provocar un ahogamiento en la persona inconsciente.

✳ 𝟚𝟙 ✳

De heroína a villana: tolerancia y síndrome de abstinencia

Esta es mi historia. Siempre había sido una heroína, hasta que me convertí en villana, y precisamente de ahí viene mi nombre. Me llamo Heroína y soy hermana de la Morfina. Nací en 1874 por fecundación *in vitro,* o más concretamente por síntesis química, ya que mis padres no estaban contentos con la actitud de mi hermana Morfina.

Morfina fue concebida en 1804 de forma natural, bella como la leche blanca de las amapolas, a partir del látex de las cápsulas de la adormidera *(Papaver somniferum).* Su nombre, en honor a Morfeo, el dios griego de los sueños, hacía eco de sus propiedades hipnóticas, dado que inducía un profundo sueño. Se comercializó como analgésico y como tratamiento para la adicción al alcohol y al opio, pero resultó ser más adictiva que las sustancias para las que se prescribía. A principios del siglo XX se regularizó su consumo.

Durante la década de 1960, las drogas psicoactivas constituimos una pandilla de amigas muy bienvenidas en algunas fiestas. Las puertas se abrían, rivalizábamos por nuestra popularidad y la gente nos quería.

Morfina acabó colándose y estableciéndose en el ámbito hospitalario, y llegó a ser el opioide de referencia para el tratamiento de primera línea del dolor moderado o intenso, así que ella tan contenta. Sin embargo, yo, Heroína, acudo a terapia junto con mis primas Cocaína y Mescalina, todas ninguneadas a villanas. Princesas destronadas del reino de los alcaloides. En nuestros días de esplendor se nos quiso a rabiar y, mira ahora, no nos quieren ver ni en pintura. ¡Un duro golpe!

¿Por qué cada vez necesito más dosis para tener el mismo efecto?

¿Prometes someter tu voluntad al consumo de esta sustancia? ¿Deseas entrar en una cárcel de la que es prácticamente imposible escapar? ¿Quieres invertir tu juventud, belleza, salud y cordura por un momento de placer? ¿Renunciarías al control de tu vida por experimentar nuevas sensaciones? ¿Te apetece depender de una sustancia para ser feliz? Si las respuestas son afirmativas, ya puedes iniciarte en el mundo de las drogas psicoactivas como la heroína, la cocaína, el éxtasis, la mescalina, las setas alucinógenas, las metanfetaminas, el LSD, etc.

Dentro de la categoría de drogas prohibidas por la ley, o «drogas de abuso», se incluyen una serie de sustancias que activan los mecanismos de recompensa de nuestro cerebro, que son los que se activan cuando comemos, hacemos deporte o mantenemos relaciones sexuales. Su consumo genera placer, de tal modo que se tiene la necesidad de volver a consumir para alcanzar esos niveles de bienestar y felicidad.

Durante el proceso de «enganche» a una droga, la oleada de neurotransmisores del placer, como la dopamina, «entrenan» o «enseñan» al cerebro a repetir el consumo de la droga. Las personas adictas dejan de sentir la dopamina en niveles naturales, de forma que las actividades normales del día a día dejan de dar satisfacción.

Además, ni siquiera el consumo de la propia sustancia acaba produciendo placer, ya que se desarrolla una **tolerancia**, con lo que para conseguir el mismo efecto necesitamos cada vez más cantidad de sustancia. Decimos que el organismo se ha «adaptado» a la presencia de la sustancia.

A escala molecular, la mayoría de las drogas actúan sobre las neuronas para modificar la cantidad, la liberación o la recaptación (reciclaje) de los neurotransmisores implicados en el bienestar: **serotonina,**

dopamina, oxitocina y endorfinas. Los mecanismos que llevan al desarrollo de tolerancia son múltiples y suelen concurrir varios a la vez. En ocasiones existe un aumento de la biotransformación en el hígado (desactivación del compuesto), en otras aumenta o disminuye el número de zonas a las que se une el fármaco (receptores celulares) o sus transportadores; también puede ocurrir que la fuerza de unión (afinidad) del fármaco a su receptor celular pierda intensidad.

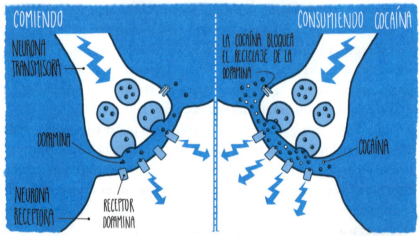

Tomar una droga que altere los mecanismos de recompensa es como tener dinero y gastarlo todo en un capricho que no te sirve para nada. Cuando luego lo necesites para pagar comida, ropa, calefacción o cosas básicas, te habrás quedado sin él. Sea cual sea el motivo que lleve a su consumo, como la búsqueda de nuevas experiencias o la presión social de que «otros lo hacen», las drogas tienen consecuencias nefastas.

Como dice el actor de *Iron Man*, Robert Downey Jr., el cual llegó a pisar la cárcel por posesión de drogas y consumo en lugares públicos: «Es como tener un arma cargada en la boca, y el dedo en el gatillo. Sabes que se puede disparar en cualquier momento, pero te gusta el sabor a metal del arma». Robert consiguió dejar esa etapa y encumbrarse como uno de los referentes del cine más taquillero y familiar.

También está el caso de la famosísima Lady Gaga, que también reconoció públicamente el consumo de cocaína en un momento en el que se sentía tremendamente infeliz y sola: «Lo hacía sola en mi apartamento y, ¿sabes?, me arrepiento de cada raya que me metí. A todos los fans que me estén escuchando, no la toquéis, es el diablo». Ahora es una cantante superventas y consolidada actriz.

¡Grandes historias de las que aprender!

¿Por qué me encuentro mal si no tomo mi café diario?

Seguro que, si acostumbras a consumir café a diario y no lo tomas, tu humor matutino brillará por su ausencia. Además, notarás síntomas como dolor de cabeza, somnolencia, dificultad en la coordinación, e incluso ansiedad o depresión leve. Este es un cuadro típico de **síndrome de abstinencia**, que ocurre cuando la dependencia a una sustancia se ha establecido o consolidado en nuestro cuerpo. Esto significa que el organismo no solo se ha «adaptado» a la presencia de la sustancia, sino que la necesita para ejercer sus funciones normales.

Cuando una adicción está establecida, la persona consume esa droga para sentirse mínimamente normal. Es más, la retirada de esa sustancia produce varias reacciones fisiopatológicas, que pueden ser leves (por ejemplo, en el caso de la cafeína) o llegar a ser mortales (como en el caso del alcohol).

Cuando un consumidor crónico de alcohol está varios días sin consumir, sufre episodios agudos de delirio combinados con temblores (del latín *delirium tremens*), junto con escalofríos, sudores, alucinaciones y taquicardia, lo cual puede derivar en un infarto y causar la muerte. Debe tratarse de forma inmediata, requiriendo hospitalización, así como la administración de los fármacos necesarios (benzodiacepinas) para evitar futuras complicaciones. De hecho, muchas de las alucinaciones que aparecen con el consumo de drogas se caracterizan por la presencia de diferentes animales o insectos, como hormigas, arañas o cucarachas que caminan por debajo de la piel. Adquieren tal nivel de veracidad que el drogadicto llega a provocarse heridas para quitarse los insectos, e incluso en casos más extremos se producen conductas homicidas o suicidas.

Como curiosidad, existe una cerveza belga de alta graduación llamada Delirium Tremens que incluye en su etiquetado un elefante rosa, junto con dragones chinos y cocodrilos con gorro. ¿Será esto una buena estrategia de marketing? Al menos informan de lo que te puede venir con su consumo recurrente y crónico.

Por suerte, contamos con una serie de sustancias psicoactivas como el café (cafeína), el té (cafeína y teofilina) o el chocolate negro (cafeína y teobromina) que también activan los mecanismos de recompensa del cerebro sin causar daños físicos y psicológicos, ni un grado de adicción comparable al de las drogas de abuso. De hecho, varios estudios publicados en revistas científicas de mucho prestigio, como *The New England Journal of Medicine*, aseguran que su consumo habitual tiene efectos **neuroprotectores** a largo plazo.

La cafeína estimula el sistema nervioso, produciendo un incremento en el rendimiento intelectual y físico, y aumentando la capacidad de concentración y de atención. Incrementa la interacción social y produce sensación de bienestar, sin tener consecuencias depresivas una vez pasado el efecto. Sin embargo, una dosis más alta de la tolerada puede desencadenar ansiedad, así como alterar la calidad y la duración del sueño. Aún recuerdo las mañanas en la universidad bajo los efectos de la cafeína, tomando apuntes a mayor velocidad que la explicación que salía de la boca del profesor. Eso sí, ¡luego no había quien los entendiera y no me los pidieron más de un par de veces!

¿Es verdad que el azúcar activa los mecanismos de recompensa del cerebro?

El consumo de azúcares refinados, refrescos o bebidas energéticas activa las mismas vías de recompensa que algunas drogas de abuso como la cocaína. Por eso, muchos exdrogadictos terminan transfiriendo su adicción al azúcar y convirtiéndose en obesos. Al dejar las drogas, el cerebro ansía las enormes recompensas de los azúcares y sus derivados, y aunque es posible que los dulces alivien parcialmente el síndrome de abstinencia alcohólica, lo mejor es implementar una dieta saludable pese a que sea de forma progresiva, para que llegue a ser sostenible.

¿Por qué es más útil Platón que un Prozac? Medicamentos antidepresivos

La felicidad es un camino, no un destino. Aquel camino que se realiza desde la paz interior y la satisfacción personal. Viajando encontraremos momentos de alegría, tristeza, aburrimiento, frustración, soledad, rabia, envidia, etc. Una variedad de emociones pasajeras, más o menos **volátiles**, que no definen tu estado de felicidad, y que pueden ser observadas incluso desde una perspectiva positiva de **aprendizaje**.

Te pongo un ejemplo sobre la utilidad de un sentimiento como la envidia: Pablo envidia a María porque tiene una carrera fulgurante, profesora titular en la universidad, una lista inacabable de publicaciones, reconocimiento público de su labor investigadora, y un largo etcétera de méritos. Sin embargo, lo que él no sabe es que María envidia a Pablo. Él, con una posición tranquila de profesor de instituto, sin la presión constante por publicar, en un pueblo con apenas tráfico y estrés, rodeado de zonas verdes y arropado por su familia. La envidia sirve como una pista para saber aquello que deseas y se puede hacer un **uso productivo** de ella: quizás María debe descansar y realizar más momentos de desconexión en la naturaleza, así como impulsar sus relaciones sociales; mientras que Pablo puede usar su tiempo libre para leer e investigar e incluso hacer publicaciones o escribir un libro.

Como ves, **todos anhelan aquello que no tienen**, con lo que conformarte y aceptar quien eres es el primer paso hacia la felicidad. Ya lo decía el gran filósofo Platón: «El hombre que hace que la felicidad dependa de él mismo, y no de los demás, ha adoptado el mejor plan para vivir feliz». Y yo iría un paso más allá, **tu felicidad no puede depender ni de otras personas, ni del consumo de sustancias**. Los psicofármacos son, al fin y al cabo, drogas que, puedan servir como solución temporal, tienen efectos secundarios y generan tolerancia y dependencia.

En el siglo XXI, los psicofármacos disponibles tienen un grado de optimización muy elevado, con lo que se han minimizado sus efectos adversos. Por ejemplo, para tratar la ansiedad o el insomnio, los barbitúricos (tremendamente adictivos y peligrosos), han sido sustituidos por las benzodiacepinas, con un mayor rango terapéutico de seguridad y mayor eficacia, como el Diazepam. Existen más de 2000 tipos de benzodiacepinas distintas que difieren en su acción, duración y potencia: unas actúan relajando (efecto ansiolítico), mientras que otras inducen el sueño (efecto hipnótico).

A pesar de sus ventajas farmacológicas, las benzodiacepinas no están exentas de causar **tolerancia** y **dependencia**. Cada vez se requiere mayor dosis para el mismo efecto, y con el tiempo puede aparecer la necesidad compulsiva de consumir el fármaco para sentirse bien. La suspensión brusca acarrea problemas como un retorno intensificado de los síntomas iniciales, con lo que su retirada debe ser progresiva. Además, también presentan interacciones farmacológicas y diferencias interindividuales que modifican tanto su eficacia como los efectos adversos: la vida media de eliminación de Diazepam es de 20 horas en individuos de 20 años y más de 80 horas en individuos de 80 años. Este efecto sedativo prolongado en personas mayores, junto con la polimedicación y la disminución de sus reflejos, pueden ser la peor combinación para caídas o accidentes.

Todo esto hace que los psicofármacos deban consumirse bajo una estricta prescripción médica y sea absolutamente fundamental preguntarse: ¿son los psicofármacos realmente necesarios para alcanzar un estado de felicidad sostenible?

¿Cómo puedo eliminar la adicción a una droga?

El cerebro adicto no es un cerebro normal, ya que el consumo de drogas de abuso produce cambios funcionales: las neuronas no se comunican de la misma forma y sufren adaptaciones. Estos cambios alteran las funciones normales de las neuronas, como su transmisibilidad, la cantidad de neurotransmisores que producen e incluso su metabolismo energético.

Por ejemplo, se ha visto que el consumo de cocaína disminuye el uso eficiente de glucosa por parte de las neuronas, lo cual lleva a deficiencias en la transmisión del impulso nervioso. En el caso del consumo de metanfetaminas, se alteran los transportadores de dopamina y las células de soporte neuronal (glía). Todo ello da como resultado déficits en el pensamiento y en las destrezas motrices, comportamientos agresivos, alucinaciones así como pérdidas de memoria. Algunos de estos cambios podrían **revertirse** al dejarse de consumir la sustancia. Sin embargo, hay otros más consolidados que serían **permanentes**.

El consumo crónico transforma estos cambios funcionales en estructurales, de forma que se consolidan **daños neuronales irreversibles** que acarrean serios déficits cognitivos. Esto lleva al desarrollo de trastornos psicológicos como esquizofrenia, paranoia, temblores, muerte neuronal, dificultad para realizar tareas normales como hablar, y pérdida de memoria, entre otros trastornos.

Además, cortar las dinámicas de consumo de las drogas de abuso en las que se ha establecido o consolidado una dependencia podría acarrear síndromes de abstinencia que pueden ser mortales (como el del alcohol) o muy peligrosos. Todo esto enfatiza la importancia de una deshabituación o retirada de las drogas de forma progresiva, para evitar que se convierta en un problema de salud pública. Se pueden realizar distintos abordajes:

1. En ocasiones podemos recurrir a estrategias farmacológicas que atenúen los efectos de la disminución paulatina de la droga y, por tanto, restablezcan la comunicación neuronal natural. Se puede sustituir la droga por una molécula con menor efecto farmacológico o usar un antídoto o antagonista.

   * ¿Te imaginas que una vacuna te protegiera de la adicción a las drogas? Recientemente se han desarrollado anticuerpos que se unen a la droga en cuestión (inmunoterapia) e

impiden su paso al cerebro y su acción; esta inmunoterapia se ha desarrollado para opioides y metanfetaminas y está ahora en ensayos clínicos.

* También se puede administrar una sustancia revulsiva que genere malestar cuando se toma la droga en cuestión, como el disulfiram o el metronidazol en el caso de la adicción al alcohol.

2. La terapia cognitivo-conductual ayuda a los pacientes a reconocer y evitar las situaciones que desencadenan el consumo de drogas.

3. Se puede recurrir a los incentivos motivacionales, en los que se usan pequeñas recompensas en efectivo para alentar a los pacientes a permanecer libres de drogas.

De hecho, lo mejor para conseguir niveles de alerta y de felicidad adecuados es activar de forma natural nuestros neurotransmisores del placer endógenos. Nuestro antepasado nómada y cazador hizo que el cerebro desarrollara mecanismos de recompensa para impulsar la supervivencia cuando nos movemos, comemos saludable, tenemos interacciones sociales o incluso relaciones sexuales.

En definitiva, has venido a nutrirte, relacionarte y reproducirte; así que no pierdas el tiempo con las drogas. Los malos momentos o las etapas difíciles son normales y forman parte de nuestro aprendizaje. Además, nos ayudan a apreciar y disfrutar más los momentos de felicidad. No te preocupes, relájate, vive el presente y deja todo en manos de la homeostasis de tu cuerpo, ya que tarde o temprano llegarán momentos de bienestar y placer.

Ahora, que sabes que eres un auténtico **milagro andante**, que rompieron tu molde al nacer, que acumulas varios trofeos en tu palmarés, que has aprobado las oposiciones al cuerpo diplomático como mejor embajador de tus genes, que tienes un escuadrón de guerreros que te cubre las espaldas, que eres millonario y más joven de lo que pone en tu DNI, ¿te atreves a brillar con luz propia?

Actividades que aumentan de forma natural
nuestros neurotransmisores endógenos de la felicidad

Dopamina	Serotonina	Endorfinas	Oxitocina
Escucha música alegre o clásica	Consume alimentos ricos en triptófano: queso curado, plátano, chocolate negro, legumbres, carnes, huevo, frutos secos, etc.	Haz deporte y suda	Abraza con frecuencia
✳		✳	✳
Descansa adecuadamente		Ríete a carcajada limpia	Cocina para un familiar o amigo
✳	✳	✳	✳
Completa una pequeña tarea	Toma un poco de sol	Consume alimentos con Omega 3: aguacate, pescado azul, frutos secos	Observa, acaricia o sostén en brazos a una mascota o un bebé
✳	✳	✳	✳
Haz un favor	Come mucha fibra y probióticos (yogur, aceitunas, pepinillos, kéfir, kombucha)	Recibe o da un masaje	Comparte cotilleos, chismés o tu libro favorito con tus compañeros o amigos
	✳		
	Practica meditación		

CONCLUSIONES

> VENAS QUE HUMOR A TANTO FUEGO HAN DADO,
> MEDULAS QUE HAN GLORIOSAMENTE ARDIDO,
> SU CUERPO DEJARÁ, NO SU CUIDADO;
> SERÁN CENIZA, MAS TENDRÁ SENTIDO;
> POLVO SERÁN, MAS POLVO ENAMORADO.
>
> FRANCISCO DE QUEVEDO, 1648

¡Estás a tiempo!

Tienes venas por las que circula sangre, y una médula que está constantemente produciendo glóbulos rojos y blancos. Un auténtico y exclusivo lujo. ¡Y tú sin agradecérselo! Hasta el *David* de Miguel Ángel te envidia. Tan esculturalmente perfecto, pero inerte: sin latidos, ni pulsiones, ni emociones. «¡Quién las tuviera!», se repite todos los días.

Tú que las tienes, ¡enhorabuena! ¡Sal y celébralo!

Aprovecha esta magnífica oportunidad para reconciliarte con tu cuerpo y amarlo. Todas las mañanas late con gran alegría, amor, risas, lágrimas o contratiempos. No se puede pedir más. Incluso en la peor de las situaciones, cuando caes enfermo o te rompes algo, tu cuerpo no tarda en solucionarlo e intenta resolver la situación minimizando los daños. Adopta una visión positiva de ti mismo y mándate mensajes positivos desde tu interior. Tu cuerpo es un hogar digno de admirar, un dulce hogar. ¡Que tu diálogo interno sea agradable, alegre y compasivo!

La ciencia dice que amar tu cuerpo puede hacerte vivir más, ya que alarga la longitud de los telómeros. En este sentido, Japón es pionero en

implementar esta filosofía y alberga una de las poblaciones más longe-
vas del planeta. Su secreto no solo radica en una alimentación muy sana
a base de pescado y arroz, sino también en muchos de sus estilos de vida.

Primero, quieren encontrar el *ikigai*, que es **la razón de vivir** o motivo por el que se levantan por la mañana. Ningún viento es favorable
cuando no se sabe hacia dónde se navega. En segundo lugar, aprecian
enormemente el valor de los objetos usados, reparándolos con barniz
de oro cuando se rompen. Con esta técnica artesanal, llamada *kintsugi*,
la cerámica recupera su forma original. Las cicatrices doradas transforman la esencia estética del objeto, haciendo que su **valía sea infinita-
mente mayor que antes de romperse**.

Y también es muy importante el *wabi-sabi*, que supone apreciar **la
belleza natural, simple e imperfecta**, sobre todo como consecuencia del paso del tiempo. Su transfondo es hondo y penetrante. Elogiar
algo como el *wabi-sabi* significa realzar su autenticidad, reconociendo
que todo cambia y todo fluye bajo las fuerzas naturales y el devenir de la
vida. Estas fuerzas participan en la estética final de la pieza, dándole un
carisma y una autenticidad únicos. Y es que una vida sin objetivos, luchas o batallas es como un mar en calma, el cual nunca hizo buenos marineros. Más imperfecto, con más historia, más verdadero y, por tanto,
¡más bello!

Que nada ni nadie borre de tu alma, ni de tu cuerpo, lo que vivir ple-
namente te ha proporcionado: las **marcas del disfrute** y la **historia
de haber vivido**.

Te doy una gran enhorabuena por haber llegado a este punto del libro y haber descubierto tu interior con detalle. Espero que te haya bene-
ficiado personalmente y haya aumentado tu autoconfianza; sí, esa que
desprendes sabiendo que tu cuerpo trabaja todos los días para que bri-
lles con luz propia. Un cuerpo que anda erguido, con confianza y son-
riente ya tiene la partida ganada. Atraerás y despertarás el deseo en los
demás a través del misterio y la confianza en ti mismo, y la percepción
que tienen de ti cambiará radicalmente a partir de ahora.

Como decía un sabio, «el que conoce lo exterior es erudito, el que se
conoce a sí mismo es sabio, el que conquista a los demás es poderoso y

el que se conquista a sí mismo es invencible» (Lao-Tsé). Conocerte te ha hecho quererte, amarte, apreciarte, y esto te hace invencible. Eres un ser único y la felicidad reside en ti.

Todo depende de cómo te tomes las cosas y de cómo interpretes los hechos. Si cambias tu actitud ante la vida y en lugar de «tengo que ir a trabajar» dices «puedo ir a trabajar», tu cuerpo afronta la situación con actitud de **agradecimiento**. Mi mantra es que todo lo que ocurre es «para bien», aunque sea un bien a largo plazo que puede tardar en llegar. En este sentido, hasta la más desafortunada de las situaciones puede ser un regalo: tener que cambiar de trabajo o empezar de cero puede traer muchas posibilidades para reinventarse profesional y personalmente, así como emoción, sorpresas, oportunidades y adrenalina.

Hoy eres la **versión más joven** del resto de tu vida, así que levántate con el pie derecho, vístete con tus mejores ropas, y pisa la calle con fuerza, con decisión y una sonrisa. Si consigues hacer sonreír a alguien con tu energía, ya tienes otro motivo de felicidad. Cómete el mundo y, con paciencia, perseverancia y esfuerzo, todo serán cosas buenas. No te olvides de tener muy presente los 3 mandamientos de un cuerpo feliz:

1. **Ama tu cuerpo**. Es el único que te acompañará en este viaje a lo largo de toda tu vida.
2. **Cuida tu cuerpo con amor**. Ahora que lo conoces, sabes cómo aprovechar todo su potencial para que esté sano, fuerte y joven. Come sano y variado, y muévete mucho.
3. **Comparte tu alegría y tu felicidad** con los tuyos. ¿De qué sirve ser la pera limonera si no tienes con quién compartirlo? Ya sea porque acabas de descubrir cómo funcionan tus células o te has maravillado ante el funcionamiento de tus riñones, comunícate y mantén tus relaciones personales.

Al igual que yo soy fan del cuerpo humano y de la fisiología, tú también puedes ser el **mejor embajador** para que otras personas cuiden y admiren su cuerpo. La felicidad grupal siempre lleva a la felicidad individual, así que pon tu granito de arena. Te encomiendo la honorable tarea de ayudar a difundir este mensaje tan importante: debes ser fan de tu cuerpo. Las grandes cosas siempre empiezan desde dentro, y este camino de autoconocimiento que has emprendido te ha hecho imparable: «Si un huevo se rompe por una fuerza exterior, se termina la vida. Si se rompe por una fuerza interior, comienza la vida» (Alejandro Jodorowsky).

Y es que parece obvio, pero no lo es: en tu diversidad y en todo lo que te hace único reside tu fuerza. Imagínate un mundo plagado de clones sin defectos ni matices que los distingan. ¡Sería extremadamente aburrido! Hasta una pequeña peca sería motivo de celebración. Dale la bienvenida a la estría, al michelín, a la arruga, a la cicatriz, a las canas, etc., porque es lo que te hace singular; además, son las marcas de haber vivido muchos años. De hecho, tu vida empieza con una cicatriz, tu ombligo, la más bella y clara metáfora de que **la vida no es vida sin cicatrices**.

No olvides tu pasado, ya que te servirá para apreciar lo que has conseguido. Te recuerdo que eras una célula muy pequeñita e inapreciable en la barriguita de tu madre, que durante 9 meses se multiplicó velozmente y dio lugar a un maravilloso bebé. Fuiste el deleite y la alegría de tus padres. Ellos te cuidaron, te educaron y te dieron todo lo que tenían para hacerte la persona que eres ahora: noches en vela, montones de consejos, y seguro que más de una renuncia personal y profesional. Todo por ti. Mándales un fuerte abrazo de mi parte. No dejes que envejezcan sin decirles lo que les quieres.

Esa celulita es ahora un escultural milagro. ¡Grande, muy grande!

Millones de células perfectamente sincronizadas, dividiéndose, comunicándose. Un torbellino de señales hormonales organizadas, de reacciones químicas e incluso de corrientes eléctricas. Una monitorización continua de la temperatura, la posición, el dolor e incluso la presión de los objetos sobre tu cuerpo. Todo, absolutamente todo está registrado. Cada día, tu corazón bombea 7.000 litros de sangre, tus pulmones inspiran 11.000 litros de aire, tu cerebro procesa millones de datos, tus riñones filtran 180 litros de sangre y hasta tus intestinos se marcan una coreografía al son de la *Macarena*. Además, tu sistema inmunitario lucha incesante para mantener a raya a patógenos y cuerpos extraños, tus glándulas secretan fluidos, tus ovarios o testículos producen gametos, y así con todo. ¡Un auténtico regalo!

¡Quiere y aprecia todo este trabajo! ¡Es más que admirable, y de una precisión y constancia inigualable!

Abraza, acoge y celebra todo lo que la naturaleza te ha regalado. En ti reside una fuerza, una belleza y un equilibrio indescriptibles: ¡Empieza YA por sentirte inmensamente FELIZ!

¡Adelante, bombón, tú puedes!

GLOSARIO

ADN: **Á**cido **D**esoxirribo**N**ucleico, el conjunto de secuencias genéticas definidas por cuatro letras (A, G, C, T) que guarda la información de todo lo que constituye un ser vivo.

Aminoácido: Unidad estructural mínima (monómero) de las proteínas.

Anabolismo: Conjunto de procesos metabólicos cuyo objetivo es la síntesis de componentes celulares a partir de precursores más pequeños como monómeros o moléculas de bajo peso molecular.

Apoptosis: Programa celular organizado (también llamado muerte celular programada) que pone fin a la existencia de una célula.

ARN: **Á**cido **R**ibo**N**ucleico, molécula que interviene para mediar la conversión de la información guardada en el ADN a proteínas. Constituye el material genético de algunos virus.

ATP: Trifosfato de adenosina *(Adenosine TriPhosphate)*, molécula de intercambio energético que desempeña un papel esencial para la obtención de energía en todos los organismos.

Autofagia: Proceso de reciclaje celular, en el que la célula elimina proteínas u orgánulos viejos o defectuosos para generar nuevas proteínas.

Biotransformación: Proceso por el cual una molécula o sustancia es transformada en el cuerpo humano, fundamentalmente a través del hígado, para ser excretada por los riñones.

Catabolismo: Conjunto de procesos metabólicos cuyo objetivo es la degradación de componentes celulares o grandes moléculas orgánicas para obtener energía y moléculas más pequeñas.

Célula madre: Célula con capacidad de inmortalidad y de diferenciarse a cualquier tipo celular, pudiendo llegar a originar un organismo completo.

Código genético: Conjunto de reglas que rigen la conversión de la información del ADN/ARN a proteínas.

CRISPR/Cas9: Técnica de edición genética constituida por repeticiones palindrómicas cortas agrupadas y regularmente interespaciadas (*Clustered Regularly Interspaced Short Palindromic Repeats*), que junto con la nucleasa Cas9 son capaces de escindir secuencias específicas de ADN.

Cromosomas: Estructura celular compacta de ADN que se forma durante la división celular, para asegurar un reparto simétrico de la información genética a las células hijas.

Entropía: Magnitud física que refleja el grado de desorden molecular de una entidad o sistema aislado.

Epigenética: Rama de la genética que estudia cambios en el ADN que no afectan a su secuencia genética, pero que modifican la expresión de los genes como la metilación del ADN o la modificación de las histonas.

Gen: Unidad funcional de información genética que codifica entidades con valor biológico como las proteínas o moléculas ARN.

Genoma: Todo el conjunto de las secuencias genéticas de un organismo. En los humanos esta información se encuentra en el interior del núcleo y en el interior de las mitocondrias.

Hematocrito: Porcentaje de glóbulos rojos en nuestra sangre.

Hemodinámica: Características del flujo sanguíneo a través del lecho vascular.

Homeostasis: Procesos fisiológicos de autorregulación que permiten mantener la constancia de diferentes variables (temperatura, presión arterial, niveles de glucosa, etc.) en un organismo.

Ikigai: Motivo o razón vital de existir.

Isoforma: Cada una de las diferentes variantes de una misma proteína, las cuales realizan la misma función, pero tienen propiedades distintas: cinéticas, de desnaturalización, etc.

Kintsugi: Técnica artesanal japonesa basada en reparar las piezas de cerámica rotas o fracturadas con pegamento mezclado con polvo de oro, plata o platino.

Matraz: Recipiente de laboratorio, generalmente de vidrio, que se utiliza para contener volúmenes más grandes que un tubo de ensayo.

Matriz extracelular: Materia que se encuentra entre nuestras células, compuesta por fibras como colágeno o elastina y por sustancia fundamental.

Microbiota: Conjunto de microorganismos que se localizan de manera normal en las superficies corporales de los seres vivos pluricelulares.

Mielina: Material de naturaleza lipoproteica que envuelve los axones de las neuronas para aumentar su aislamiento y facilitar la velocidad de conducción del impulso nervioso.

Mioglobina: Proteína capaz de atrapar el oxígeno en el interior de las células musculares para que estas produzcan la energía suficiente para la contracción muscular.

Mitosis: División celular.

Monómero: Cada una de las piezas de un encadenado, una macromolécula o un polímero. Por ejemplo: el glucógeno es un polímero que está formado por monómeros de glucosa.

Panspermia: Hipótesis científica basada en la existencia de vida distribuida por todo el Universo, y, por tanto, argumenta que la vida en la Tierra habría resultado de la importación de microorganismos del exterior por parte de asteroides, cometas o meteoritos.

Polímero: Conjunto repetido de piezas estructuradas y unidas con algún enlace químico. El comportamiento químico de los polímeros difiere del de los monómeros que lo forman. Por ejemplo: una proteína es un polímero que está formado por monómeros de aminoácidos unidos.

Probióticos: Complemento alimenticio compuesto por bacterias que aportan beneficios al organismo.

Proyecto Genoma Humano: Proyecto internacional de investigación científica para determinar la secuencia de pares de bases químicas del ADN e identificar todos los genes del genoma humano.

Protocélulas: Célula muy rudimentaria.

Radicales libres: Moléculas que tienen un electrón libre y presentan una gran afinidad a reaccionar con otras moléculas, pudiendo causar daño celular.

Telómeros: Extremos de los cromosomas constituidos por regiones no codificantes y repetitivas de ADN que desempeñan un papel protector del material genético.

Wabi-sabi: Filosofía originaria de Japón basada en apreciar la belleza natural, simple e imperfecta como consecuencia del paso del tiempo: «Bello, natural e imperfecto».

✳ EL RETO ✳

Mi apreciado lector, quiero acabar este libro con un breve y conciso reto que sirva como reflexión de todo lo que se ha leído y aprendido. Te propongo unas preguntas tipo test para que evalúes todos los conocimientos que te llevas puestos. Piensa que es el mejor de los trajes que podrías lucir, y te va a hacer rebosar de confianza en ti mismo.

Primera parte. La arquitectura de tu cuerpo: niveles de organización

1.1. ¿Qué molécula podría haber iniciado la vida por sus propiedades de autorreplicación, autoensamblaje y por su capacidad para formar proteínas?

1. Los lípidos.
2. Los polisacáridos.
3. Las proteínas.
4. El mARN.
5. El ADN.

La única molécula que se ha visto que presenta como característica el poder de duplicarse a sí misma formando estructuras con propiedades catalíticas y que, por tanto, no requiera de proteínas para su propia síntesis sería el mARN (la respuesta correcta es la 4). Se requieren de un conjunto de procesos moleculares como los detonantes para formar la primera entidad autónoma que fue considerada un ser vivo. Estos procesos requerirían autocatálisis, además de autorreplicación, autoensamblaje y encapsulamiento en membranas grasas.

1.2.   ¿Cómo han evolucionado los riñones de un animal adaptado a un clima árido y desértico?

1. No hay animales que soporten el calor y las temperaturas del desierto.
2. Han proliferado las estructuras renales que filtran más plasma y que desechan agua.
3. Han disminuido las estructuras renales que retienen agua.
4. Los animales del desierto evolucionaron emigrando a tierras húmedas.
5. Se han desarrollado estructuras renales que facilitan la reabsorción de agua, haciendo que la orina de estos animales sea muy concentrada.

La respuesta correcta es la 5, ya que la forma más apta para sobrevivir en el desierto es retener la mayor cantidad de agua posible desarrollando estructuras renales en los mamíferos que aumentan la reabsorción de plasma filtrado. Así, el asa de Henle de los dromedarios es extremadamente larga para permitir retener agua y concentrar la orina.

1.3.   ¿Cuáles de estos mecanismos son de retroalimentación positiva?

1. Niveles de hormonas tiroideas en sangre.
2. Regulación de la presión arterial.
3. El orgasmo, el parto y la lactancia.
4. Regulación de los niveles de glucosa sanguíneos.
5. Regulación del pH de la sangre.

El orgasmo, el parto y la lactancia, todos ellos fenómenos asociados a la reproducción siguen mecanismos de retroalimentación positiva, que tienden a amplificarse hasta que se alcanza un objetivo biológico (opción 3, correcta). Tanto la regulación de los niveles de hormonas tiroideas, como los niveles de presión arterial, los niveles de glucosa sanguínea, como el pH, vienen regulados por mecanismos que permiten que sus valores se encuentren dentro de una franja muy estable (retroalimentación negativa).

1.4. **¿Cómo puedes aumentar tu gasto metabólico y, por tanto, perder peso?**
1. Caminar, correr o hacer deporte.
2. Beber infusiones de té verde o jengibre.
3. Dormir desnudo.
4. Bañarse en agua fría.
5. Todas son correctas.

Todas son correctas (opción 5). Tanto caminar, correr o hacer deporte, beber infusiones de té verde o jengibre, dormir desnudo, como bañarse en agua fría contribuyen a aumentar el gasto metabólico. Moverse inevitablemente consume calorías para poder producir la contracción muscular. El té verde o de jengibre se ha visto que, además de múltiples propiedades antioxidantes y antiinflamatorias, puede aumentar ligeramente el gasto basal. Tanto el dormir desnudo como bañarnos con agua fría aumenta las calorías que deben consumirse para activar los mecanismos de homeostasis que regulan la temperatura corporal. Aunque en pequeña proporción, todo suma.

Segunda parte. Tejiendo se entiende la gente: los 4 tejidos básicos

2.1. **¿Cuál es el tejido principal de las glándulas de nuestro cuerpo (sebáceas, sudoríparas, páncreas, tiroides, etc.)?**
1. El epitelial.
2. El conectivo.
3. El muscular.
4. El nervioso.
5. El transicional.

Todas las glándulas de nuestro cuerpo están compuestas de tejido epitelial (opción 1). Aunque pueden contener tejido conectivo que organice o estructure la glándula en lóbulos, las células epiteliales van a ser las que compongan las estructuras secretoras de las glándulas. Alrededor de las mismas tendremos células mioepiteliales cuya contracción favorece la expulsión del contenido glandular.

2.2. **¿Cuál de los siguientes tejidos carece de vasos o nervios?**
1. El epitelial estratificado.
2. El conectivo adiposo.
3. El cartílago.
4. El músculo liso.
5. La opción 1 y 3 son correctas.

La opción correcta es la 5, ya que lo que caracteriza los epitelios es la fuerte unión y sellado entre sus células (pared de ladrillos sin cemento), con lo que no van a existir vasos ni nervios embebidos en sus células. Sí que contarán, sin embargo, con unas células especializadas que participan en la sensación del tacto mediante receptores sensoriales, con especial densidad en zonas de alta agudeza táctil como las yemas de los dedos. El cartílago, debido a la disposición de su matriz extracelular, también carece de vasos y nervios, con lo que su reparación es muy dificultosa.

2.3. **¿Qué tipo de fibras musculares tiene Cristiano Ronaldo?**
1. Fibras rápidas.
2. Fibras lentas.
3. Fibras intermedias.
4. Fibras de músculo liso.
5. Fibras transversales.

Cristiano Ronaldo, al tratarse de un jugador de fútbol, necesita combinar músculos que tengan una potencia elevada y explosivos que le permitan ir rápidamente a por el balón, con músculos que tengan también una gran resistencia a la fatiga, por tanto, con aguante durante los 90 minutos que como mínimo dura un partido. Las fibras intermedias son las que cumplen estos requisitos que pueden combinar fuerza y rápida velocidad de contracción con resistencia a la fatiga (opción 3).

2.4. **¿Qué parte del sistema nervioso se activa cuando alguien nos lanza un objeto en dirección a nuestro cuerpo?**
1. El sistema nervioso simpático.
2. El sistema nervioso parasimpático.
3. El sistema nervioso somático.
4. El sistema nervioso portátil.
5. El sistema nervioso entérico.

Se entiende que el estado de alerta supone un nivel de consciencia modulado hacia la activación o el estrés, y, por tanto, modulado por el sistema nervioso simpático. El simpático es una rama del sistema nervioso autónomo que regula funciones involuntarias y que se encarga de controlar nuestros reflejos y reacciones inconscientes ante estímulos peligrosos o que nos generan estrés (opción 1).

Tercera parte. Somos lo que comemos: nutrición

3.1. **¿Cuál es la postura corporal que mejor ayuda en la evacuación de las heces?**
1. El clavo.
2. El pino.
3. El lanzador de tirolina.
4. El pensador.
5. El corredor.

El ángulo que forman nuestros muslos con el abdomen es crucial para conseguir una salida fluida de las deposiciones. Con el cuerpo flexionado en un ángulo de 35 grados, que se consigue bien subiéndote a un taburete mientras te sientas en el wáter o inclinando el cuerpo hacia adelante como en la postura del pensador (opción correcta, 4), el músculo puborrectal se relaja y la salida de las heces es fácil al no ejercer excesiva presión intraabdominal.

3.2. **¿Cómo puedo sacarle mejor partido a mi voz para hacer una ponencia?**
1. Hacer ejercicios de estiramientos de espalda, hombros y cuello antes de empezar.
2. Hablar haciendo pausas.

3. Beber y mantener la hidratación.
4. Respiración abdominal lenta.
5. Todas son correctas.

La opción correcta es la 5, ya que para emitir el sonido de nuestra voz necesitamos hacer vibrar las cuerdas vocales ubicadas en nuestra laringe con el aire que viene de los pulmones. Cuanto más óptimas sean las condiciones de la vibración, como un flujo de aire continuo, un trabajo muscular equilibrado, una buena lubricación de las cuerdas vocales, mejor será la proyección y la emisión de la voz. A su vez, esto permitirá modularla de acuerdo con lo que se pretende expresar.

3.3. **¿Cuál es el órgano encargado de movilizar la linfa por nuestro cuerpo?**

1. Los músculos de todo el cuerpo al moverlos.
2. El bazo.
3. El riñón.
4. El corazón.
5. El estómago.

El sistema linfático no cuenta con ningún órgano específico que se encargue de empujar la linfa en dirección a su punto de drenaje en la base del cuello, a diferencia del sistema sanguíneo. El único mecanismo que ayuda a la movilización de la linfa es el movimiento de nuestros músculos al movernos (opción correcta, 1).

3.4. **¿Se incluye el «consumo de alcohol de forma moderada» en el Plato de Harvard o de comida saludable?**

1. Sí, siempre que no se sobrepasen los 750 ml por semana.
2. Sí, siempre que no se sobrepasen los 2500 ml por semana.

3. Sí, se puede consumir todo lo que se quiera siempre que la graduación sea menor del 5% de alcohol.
4. Sí, siempre que no se sobrepase los 750 ml por día.
5. No, no hay un consumo mínimo que sea saludable.

La opción correcta es la 5, ya que los últimos estudios indican que evitar la ingesta de alcohol, independientemente de la graduación y de la cantidad, tiene un efecto beneficioso en nuestra salud al evitar dañar el hígado y todas las estructuras corporales involucradas en su metabolismo y excreción.

Cuarta parte. ¿Solo la puntita? Del iceberg lo quiero saber todo: relación y reproducción

4.1. ¿Qué necesitamos para percibir el espacio o las imágenes de forma tridimensional y tener profundidad de campo?

1. La superposición del campo visual derecho e izquierdo.
2. Cerrar un ojo.
3. Unas gafas especiales de 3D.
4. Mucha imaginación.
5. Abrir la boca y taparnos la nariz.

La visión binocular se obtiene al fusionar la imagen que obtenemos de cada uno de los dos ojos y nos da información sobre la profundidad de campo y el espacio tridimensional (opción correcta, 1). Esta fusión o solapamiento de las imágenes ocurre gracias a un atributo de la percepción visual llamado estereopsis. De hecho, si cierras un ojo, te darás cuenta de que la imagen de un solo ojo es plana, sin apenas percepción de volumen ni distancias.

4.2. **¿Qué tipo de inmunidad constituyen las células de memoria?**

1. Inmunidad innata o inespecífica.
2. Inmunidad adaptativa o específica.
3. Inmunidad residual.
4. Inmunidad por hipersensibilidad.
5. Todas son correctas.

Las células de memoria son clones de linfocitos (T o B) que se mantienen vivos durante muchos años después de haber estado en contacto con un agente patógeno. En el caso de que el patógeno vuelva a invadir, estos linfocitos lo reconocen incluso después de pasar décadas e inician una respuesta rápida, específica y amplificada. Esto evita que el microorganismo prolifere y desarrolle la enfermedad. Se denomina inmunidad adaptativa o específica porque se va elaborando a medida que estamos expuestos a diferentes microbios y presenta una alta especificidad (opción correcta, 2). Las células de memoria son la razón por la que muchas enfermedades solo se padecen una vez. Estas células son las responsables de la inmunidad a largo plazo que generan las vacunas.

4.3. **¿Cuál es la hormona que aumenta de forma directa la cantidad de glóbulos rojos en sangre y, por tanto, el transporte de oxígeno a los tejidos?**

1. Cortisol.
2. Adrenalina.
3. Oxitocina.
4. Eritropoyetina (EPO).
5. Progesterona.

La hormona encargada de la formación y producción de eritrocitos es la eritropoyetina (EPO). La administración exógena de eritropoyetina sintética fue usada por muchos deportistas para aumentar su rendimiento físico (opción correcta, 4).

4.4. **¿Cuál de estas afirmaciones no es cierta respecto a la vagina?**

1. Es muy flexible.
2. En su estado natural esta lubricada y húmeda como el interior de nuestras mejillas.
3. Alberga una microbiota propia, similar a la del intestino.
4. Tiene un pH mayoritariamente alcalino.
5. Su secreción y lubricación aumentan notablemente durante la excitación sexual.

La vagina es un conducto elástico que tiene una longitud entre 8 y 12 cm, y que conecta la vulva con el cuello uterino. En su estado natural está lubricada y húmeda, y su secreción y lubricación aumentan de forma notable durante la excitación sexual. Además, contiene muchas bacterias beneficiosas que ayudan a evitar infecciones, al mantener un pH ligeramente ácido (la opción correcta es la 4). Su principal característica es su flexibilidad, ya que puede alojar desde una copa menstrual a un bebé, y su baja sensibilidad más allá de la zona externa (de 3 a 5 cm de la entrada), lo que posibilita que los partos sean menos dolorosos.

Quinta parte. Y no lo quita la aspirina...: Interacción con fármacos

5.1. **¿Para que sirven los excipientes de un medicamento?**

1. Para poder elaborarlo en forma de pastillas, sobres, jarabes, etc.
2. Para conferirle buen sabor.
3. Para conferirle estabilidad y ayudar en su absorción.
4. Para que llegue a su diana terapéutica y mejore su acción farmacológica.
5. Todas son ciertas.

Los excipientes son sustancias empleadas para la fabricación de medicamentos que aseguran que el fármaco llega a su diana terapéutica. Por tanto, permiten que el fármaco pueda administrarse en una determinada forma farmacéutica (pastillas, sobres, jarabes, etc.), que sea agradable al paciente y con un buen sabor, olor y facilidad de uso. También mejoran las propiedades del fármaco para que pueda absorberse con facilidad en las mucosas (opción correcta, 5).

5.2. ¿Cómo debe ser un medicamento para que permanezca más tiempo en el organismo?
1. Más hidrófilo o afín al agua.
2. Más lipófilo o afín a la grasa.
3. Muy volátil.
4. En estado sólido.
5. Con sabor a frambuesa.

Una vez el medicamento ha sido absorbido en nuestras superficies corporales, pasa al torrente sanguíneo, donde se distribuye por todo el cuerpo. El acceso a los diferentes compartimentos corporales viene determinado sobre todo por las diferentes características de solubilidad del fármaco, que puede ser más afín a la grasa (lipofílico) o más afín al agua (hidrofílico). Cuanto más lipófilo o afín a la grasa sea un compuesto, más tiempo será retenido en nuestro cuerpo (opción correcta, 2) y en nuestros tejidos, ya que los compuestos hidrófilos tienden a eliminarse en orina fácilmente.

5.3. ¿Qué puedo hacer para mantener mi hígado sano?
1. Limitar el consumo de alcohol, sobre todo si es excesivo o crónico.
2. Reducir la posibilidad de mezclar fármacos con medicamentos de venta libre, plantas medicinales o suplementos.

3. Seguir una dieta saludable.
4. Reducir tu grasa corporal y realizar ejercicio de forma regular.
5. Todas son correctas.

Como el hígado es el lugar de paso de todas las sustancias, el detoxificador por excelencia, debemos mantenerlo lo más sano posible. Todas las opciones citadas ayudan a mantener el hígado con una alta capacidad funcional (opción 5, correcta).

5.4. ¿Cómo se llama el cuadro clínico que se desarrolla cuando se necesita tomar más dosis de un medicamento para que haga el mismo efecto?

1. Tolerancia.
2. Síndrome de abstinencia.
3. Dependencia física.
4. Mono.
5. Ayuno.

La tolerancia supone la adaptación del organismo a la presencia de una sustancia, con lo que deja de ejercer su efecto. Esto implica que para conseguir el mismo efecto necesitamos cada vez más dosis, creando así un círculo vicioso del que es difícil escapar (opción correcta, 5). Las drogas de abuso y los psicofármacos tienden a producir tolerancia, con lo que su consumo debe estar prohibido para el caso de los primeros, y muy regulado para el caso de los segundos. La tolerancia puede aparecer por un aumento de la biotrasformación en el hígado (desactivación del compuesto), por una disminución del número de receptores o por una disminución de la afinidad de la unión del compuesto a sus dianas celulares.

Y, ya por último, quiero retomar la pregunta que te formulé en la introducción: **¿Cómo es la relación que mantienes con tu cuerpo?**

1. No me gusta, lo veo desproporcionado o con defectos.
2. Lo veo normalito, del montón, pero no me considero una persona fea.
3. Cuando me ponga en forma, seguro que me gustará.
4. Bonito, me gusta lo que he recibido de la naturaleza.
5. Tremendo y brutal. Doy las gracias a mi ingenio esculpido durante millones de años de evolución por la selección natural. Quiero despertarme todos los días a su lado, para apreciar una puesta de sol, una conversación entre amigos, una mirada, un acorde, el cocido de mi abuela y hasta la risa de un niño, que incluso yo mismo podría haber engendrado.

¿Has conseguido cambiar tu opción después de leer el libro? ¿Has conseguido añadir otras 5 cualidades de tu cuerpo de las que te sientas muy satisfecho a la lista de las 5 que ya tenías? Si la respuesta es sí, me siento **tremendamente orgullosa**, y es el principal motivo por el que he escrito este libro. ¡Te animo a que me lo hagas saber personalmente a través de mis redes sociales donde me puedes encontrar como @LadyScience tanto en Instagram como en TikTok!

¡Nos vemos! ¡Y a seguir cuidando **ese cuerpo serrano**!

AGRADECIMENTOS

Gracias a ti, mi lector, por regalarme un espacio en tu apretada agenda para poder llevarte de la mano a través de este viaje hacia tu interior. Tu disfrute es mi disfrute.

Gracias a mis alumnos de Medicina y Odontología, por enseñarme cada día que transmitir conocimientos es mucho más que explicar contenidos, y a todos mis mentores, por avivar las llamas de mi pasión por la ciencia.

Gracias también a mis compañeros de laboratorio, ese lugar donde las ideas y los experimentos se concretan en conocimientos tangibles que empujan las fronteras más allá de lo que sabemos. Gracias a todos los que compartimos bancada, pero también a todos los que decidimos embarcarnos en la aventura de realizar un posdoctorado en el extranjero, y por haber compartido tantas horas de planes, inquietudes y risas.

Gracias a los cientos de miles de seguidores de mi comunidad en redes sociales. Somos una comunidad en la que el aprendizaje es mutuo y bidireccional. Muchas gracias por todo vuestro apoyo, que me inspira a seguir cada día.

Gracias a mis tres amigas y consejeras favoritas: Emmy Stavropoulou, Romina Osuna y Carmen Navarro; por vuestra sabiduría, soporte y acertadas puntualizaciones.

Gracias al equipo editorial de Paidós, a mi editora Elisabet Navarro, a Sergi Soliva, a Eva Robledillo, a Eva Mutter y a mi ilustrador Javier Pérez, un gran equipo sin el que no hubiera podido gestar esta magnífica obra.

Y, sobre todo, gracias a mis padres y a mi hermana por ser el pilar fundamental de todo lo que soy, de toda mi educación, tanto académica como de la vida y por su incondicional apoyo perfectamente mantenido a través del tiempo. Gracias también a mi marido y mis hijos, por ser la luz que me ilumina durante todos los días de este maravilloso viaje.

BIBLIOGRAFÍA

Primera parte.
La arquitectura de tu cuerpo: niveles de organización

Biderman, N., A. Bakkour, y D. Shohamy, «What Are Memories For? The Hippocampus Bridges Past Experience with Future Decisions», *Trends in Cognitive Sciences*, 24 (7) (2020), pp. 542-556.

Deltcheva, E., K. Chylinski, C. M. Sharma, K. Gonzales, Y. Chao, Z. A. Pirzada, M. R. Eckert, J. Vogel, y E. Charpentier, «CRISPR RNA maturation by trans-encoded small RNA and host factor RNase III», *Nature*, 471 (2011), pp. 602-607.

Furman, D., J. Campisi, E. Verdin, P. Carrera-Bastos, S. Targ, C. Franceschi, L. Ferrucci, D. W. Gilroy, A. Fasano, G. W. Miller, A. H. Miller, A. Mantovani, C. M. Weyand, N. Barzilai, J. J. Goronzy, T. A. Rando, R. B. Effros, A. Lucia, N. Kleinstreuer, y G. M. Slavich, «Chronic inflammation in the etiology of disease across the life span», *Nature Medicine*, 25 (12) (2019), pp. 1822–1832.

Harvard Medical School, «Calories burned in 30 minutes for people of three different weights», *Harvard Health Publishin*g, 8 de marzo de 2021, disponible en <https://www.health.harvard.edu/diet-and-weight-loss/calories-burned-in-30-minutes-for-people-of-three-different-weights>.

Jinek, M., K. Chylinski, I. Fonfara, M. Hauer, J. A. Doudna, y E. Charpentier, «A programmable dual-RNA-guided DNA endonuclease in adaptive bacterial immunity», *Science*, 337 (2012), pp. 816-821.

Kierszenbaum, A. L., y L.Tres, *Histología y biología celular*, Elsevier, 2020.

Levy, B. R., M. D. Slade, S. R. Kunkel, y S. V. Kasl, «Longevity increased by positive self-perceptions of aging», *Journal of Personality and Social Psychology*, 83 (2002), pp. 261-270.

Ming, G. L., H. Song, «Adult neurogenesis in the mammalian brain: significant answers and significant questions», *Neuron*, 70 (4) (2011), pp. 687-702.

Miranda, M., J. F. Morici, M. B. Zanoni, y P. Bekinschtein, «Brain-Derived Neurotrophic Factor: A Key Molecule for Memory in the Healthy and the Pathological Brain», *Frontiers in Cellular Neuroscience*, 363 (2019).

O'Donovan, A., J. Lin, F. S. Dhabhar, O. Wolkowitz, J. M. Tillie, E. Blackburn, *et al.*, «Pessimism correlates with leukocyte telomere shortness and elevated interleukin-6 in post-menopausal women», *Brain Behavior & Immunity*, 23 (2009), pp. 446-449.

Patel, B., C. Percivalle, D. Ritson, *et al.*, «Common origins of RNA, protein and lipid precursors in a cyanosulfidic protometabolism», *Nature Chem*, 7 (2015), pp. 301-307.

Sasselov, D. D., J. P. Grotzinger, y J. D. Sutherland, «The origin of life as a planetary phenomenon», *Science Advances*, 6 (2020).

Sturm, R. A., y M., Larsson, «Genetics of human iris color and patterns», *Pigment Cell Melanoma Res*, 22 (5) (2009), pp. 544-562.

Szostak, J., «The narrow road to the deep past: In search of the chemistry of the origin of life», *Angew Chem Int Ed*, 56 (2017), pp. 11.037-11.043.

Talenezhad, N., M. Mohammadi, N. Ramezani-Jolfaie, H. Mozaffari-Khosravi, y A. Salehi-Abargouei, «Effects of l-carnitine supplementation on weight loss and body composition: A systematic review and meta-analysis of 37 randomized controlled clinical trials with dose-response analysis», *Clinical Nutrition Espen*, 37 (2020), pp. 9-23.

van Dam, Rob M., Ph. D., F. B. Hu, M. D., Ph. D., W. C. Willett, M. D., y Dr. P. H. «Coffee, Caffeine, and Health», *The New England Journal of Medicine*, 383 (2020), pp. 369-378.

Watanabe, H., H. A. Schmidt, A. Kuhn, S. K. Höger, Y. Kocagöz, N. Lau-mann-Lipp, S. Ozbek, y T. W. Holstein, «Nodal signalling determines biradial asymmetry in Hydra», *Nature*, 515 (2014), pp. 112-115.

White, D., y M. Rabago-Smith, «Genotype-phenotype associations and hu-man eye color», *J Hum Genet*, 6 (1) (2011), pp. 5-7.

Segunda parte.
Tejiendo se entiende la gente: los 4 tejidos básicos

Benedetti, M. G., G. Furlini, A. Zati, G. Letizia Mauro, «The Effectiveness of Physical Exercise on Bone Density in Osteoporotic Patients», *BioMed Research International*, 2018.

Breit S., A. Kupferberg, G. Rogler, y G. Hasler, «Vagus Nerve as Modula-tor of the Brain-Gut Axis in Psychiatric and Inflammatory Disorders», *Frontiers in Psychiatry*, 9 (2018), p. 44.

Chudnovsky, Y., P. A. Khavari, y A. E. Adams, «Melanoma genetics and the development of rational therapeutics», *The Journal of Clinical Investi-gation*, 115(4) (2005), pp. 813-824.

de Groot, J. H. B., A. Kirk Peter, y J. A. Gottfried, «Encoding fear intensity in human sweat», *Philosophical Transactions of the Royal Society B*, 1800 (375) (2020).

Gordon, J. R., y J. C. Brieva, «Images in clinical medicine. Unilateral derma-toheliosis», *The New England Journal of Medicine*, 366 (16) (2012).

Horwath, O., M. Moberg, F. J. Larsen, A. Philp, W. Apró, B. Ekblom, «In-fluence of sex and fiber type on the satellite cell pool in human skeletal muscle», *Scandinavian Journal of Medicine & Science in Sports*, 31(2) (2021), pp. 303-312.

Lieberman, D. E., T. M. Kistner, D. Richard, I-Min Lee, y A. L. Baggish, «The active grandparent hypothesis: Physical activity and the evolution of extended human healthspans and lifespans», *Proceedings of the Natio-nal Academy of Sciences*, 118 (2021), p. 50.

Lowe, P. S., P. G. Anderson, y S. I. Anderson, *Stevens y Lowe. Histología hu-mana*, Elsevier, 2020.

Mescher, A., *Junqueira's Basic Histology: Text and Atlas*, McGrawHill, 2021.

Mhamdi-Ghodbani, M., C. Starzonek, S. Degenhardt, M. Bender, M. Said, R. Greinert, y B.Volkmer, «UVB damage response of dermal stem cells as melanocyte precursors compared to keratinocytes, melanocytes, and fibroblasts from human foreskin», *Journal of Photochemistry and Photobiology B: Biology,* 220 (2021).

Moon, H., L. R. Donahue, E. Choi, P. O. Scumpia, W. E. Lowry, J. K. Grenier, J. Zhu, y A.C. White, «Melanocyte Stem Cell Activation and Translocation Initiate Cutaneous Melanoma in Response to UV Exposure», *Cell Stem Cell,* 21 (2017), pp. 665-678.

Moreira-Teixeira, L. S., N. Georgi, J. Leijten, L. Wu, y M. Karperien, «Cartilage tissue engineering», *Endocrine Development,* 21 (2011), pp. 102-115.

Muñoz, M. J., «Autobronceadores. El papel de la dihidroxiacetona», *Offarm,* Elsevier, 6 (2004), pp. 74-79.

Ross, M. H., y P. Wojciech, *Histología: Texto Y Atlas,* Médica Panamericana, 2007.

Smeets, M. A. M., E. A. E. Rosing, D. M. Jacobs, E. van Velzen, J. H. Koek, C. Blonk, I. Gortemaker, M. B. Eidhof, B. Markovitch, J. de Groot, G. R. Semin. «Chemical Fingerprints of Emotional Body Odor», *Metabolites,* 10 (3) (2020), p. 84.

Wisner, A., E. Dufour, M. Messaoudi, A. Nejdi, A. Marcel, M. N. Ungeheuer, C. Rougeot, «Human Opiorphin, a natural antinociceptive modulator of opioid-dependent pathways», *Proceedings of the National Academy of Sciences,* 103 (47) (2006), pp. 17979-17984.

Tercera parte.
Somos lo que comemos: nutrición

«Average amount charged for select organ transplantations in the U.S. as of 2020 (in U.S. dollars)», disponible en <https://www.statista.com/statistics/808471/organ-transplantation-costs-us/>, consultado en 2021.

Burton, R., y N. Sheron, «No level of alcohol consumption improves health», *Lancet,* 392 (2018), pp. 987-988.

Chiang, C. M., A. Ismaeel, R. B. Griffis, y S. Weems, «Effects of Vitamin D Supplementation on Muscle Strength in Athletes: A Systematic

Review», *The Journal of Strength and Conditioning Research,* 31(2) (2017), pp. 566-574.

de Cabo, R., y M. P. Mattson, «Effects of Intermittent Fasting on Health, Aging, and Disease», *The New England Journal of Medicine,* 381(26) (2019), pp. 2541-2551.

GBD 2016 Alcohol Collaborators, «Alcohol use and burden for 195 countries and territories, 1990–2016: a systematic analysis for the Global Burden of Disease Study 2016», *The Lancet,* 392 (2018), pp. 1015-1035.

Haß, U., C. Herpich, y K. Norman, «Anti-Inflammatory Diets and Fatigue», *Nutrients,* 11(10) (2019), p. 2315.

Ikegaya, H., M. Suzuki, y H. Kondou, *et al.,* «Nose size indicates maximum penile length», *Basic and Clinical Andrology,* 31 (2021), p. 3.

Jensen, N. J., H. Z. Wodschow, M. Nilsson, y J. Rungby, «Effects of Ketone Bodies on Brain Metabolism and Function in Neurodegenerative Diseases», *International Journal of Molecular Sciences,* 21(22) (2020), p. 8767.

Kołodziejczak, A., K. Podgórna, y H. Rotsztejn, «Is carboxytherapy a good alternative method in the removal of various skin defects?», *Dermatologic Therapy,* 31 (5) (2018), p. 12699.

Lee, H., L. Xie, M.Yu, H. Kang, T. Feng, R. Deane, J. Logan, M. Nedergaard,y H. Benveniste, «The Effect of Body Posture on Brain Glymphatic Transport», *Journal of Neuroscience,* 35 (31) (2015), pp. 11034-11044.

Reid, I. R., M. J. Bolland, y A. Grey, «Effects of vitamin D supplements on bone mineral density: a systematic review and meta-analysis», *Lancet,* 383 (9912) (2014), pp.146-155.

Takano S., y Dr. Sand, «Influence of body posture on defecation: a prospective study of "The Thinker" position», *Techniques in Coloproctology,* 20 (2) (2016), pp. 117-121.

Tolkien, K., S. Bradburn, y C. Murgatroyd, «An anti-inflammatory diet as a potential intervention for depressive disorders: A systematic review and meta-analysis», *Clinical Nutrition,* 38 (5) (2019), pp. 2045-2052.

Yumi S., N. Funabashi, K. Lee, T. Murayama, K. Nakamura, Y. Wakatsuki, M. Daimon, I. Komuro, «Acute effect of oral flavonoid-rich dark chocolate intake on coronary circulation, as compared with non-flavonoid white chocolate, by transthoracic Doppler echocardiography in healthy adults», *International Journal of Cardiology*, 131 (3) (2009), pp. 424-429.

Cuarta parte.
¿Solo la puntita? Del iceberg lo quiero saber todo: relación y reproducción

«Reiki | Complementary and alternative therapy | Cancer Research UK», disponible en <about-cancer.cancerresearchuk.org>, consultado el 4 de octubre de 2021.

Bhutta, M. F., y H. Maxwell, «Sneezing induced by sexual ideation or orgasm: an under-reported phenomenon», *Journal of the Royal Society of Medicine*, 101 (12):587-591 (2008).

Bruusgaard, J. C., I. B. Johansen, I. M. Egner, Z. A. Rana, y K. Gundersen, «Myonuclei acquired by overload exercise precede hypertrophy and are not lost on detraining», *Proceedings of the National Academy of Sciences*, 107 (34) (2010), pp. 15111-15116.

Emens, J. S., y A. J. Lewy, «Sleep and Circadian Rhythms in the Blind», en D. P. Cardinali, y S. R. Pandi-Perumal (eds), *Neuroendocrine Correlates of Sleep/Wakefulness*, Springer, Boston, 2006.

Erickson, K. I., C. A. Raji, O. L. Lopez, J. T. Becker, C. Rosano, A. B. Newman, H. M. Gach, P. M. Thompson, A. J. Ho, y L. H. Kuller, «Physical activity predicts gray matter volume in late adulthood: the Cardiovascular Health Study», *Neurology*, 75 (16) (2010), 1415-1422.

Gelstein, S., Y. Yeshurun, L. Rozenkrantz, S. Shushan, I. Frumin, Y. Roth, y N. Sobel, «Human Tears Contain a Chemosignal», *Science*, 331 (2011), pp. 226-230.

Jannini, E., O. Buisson, y A. Rubio-Casillas, «Beyond the G-spot: clitourethrovaginal complex anatomy in female orgasm», *Nature Reviews Urology*, 11 (2014), pp. 531-538.

Kim, J. H., D. H. Kim, D. S. Ji, H. J. Lee, D. K. Yoon, y C. H. Lee, «Effect of Aging Process and Time on Physicochemical and Sensory Evaluation of Raw Beef Top Round and Shank Muscles Using an Electronic Tongue», *Korean Journal for Food Science of Animal Resources*, 37 (6) (2017), pp. 823-832.

Li, L., W. W. Men, Y. K. Chang, M. X. Fan, L. Ji, y G. X. Wei, «Acute Aerobic Exercise Increases Cortical Activity during Working Memory: A Functional MRI Study in Female College Students», *PloS one*, 9 (6) (2014).

Liang, Y., L. Tsoi, X. Xing, *et al.*, «A gene network regulated by the transcription factor VGLL3 as a promoter of sex-biased autoimmune diseases», *Nature Immunology*, 18 (2017), pp. 152-160 (2017).

Lindholm, M. E., F. Marabita, D. Gomez-Cabrero, H. Rundqvist, T. J. Ekström, J. Tegnér J, C. J. Sundberg, «An integrative analysis reveals coordinated reprogramming of the epigenome and the transcriptome in human skeletal muscle after training», *Epigenetics*, 9 (12) (2014), pp. 1557-1569 (2014).

Moreno, G. (7 de diciembre de 2009). «Imposición de manos en el hospital», *Diario de Cádiz*, consultado el 24 de marzo de 2021.

Mosinger, B., K. M. Redding, M. Rockwell Parker, V. Yevshayeva, K. K. Yee, K. Dyomina, Y.Li, y R.F. Margolskee, «Genetic loss or pharmacological blockade of testes-expressed taste genes causes male sterility», *Proceedings of the National Academy of Sciences of the United States of America*, 110 (30) (2013), pp.12319-12324.

O'Connell, H. E., y J. O. DeLancey, «Clitoral anatomy in nulliparous, healthy, premenopausal volunteers using unenhanced magnetic resonance imaging», *The Journal of Urology*, 173 (6) (2005), pp. 2060-2063.

O'Connell, H. E., K. V. Sanjeevan, y J. M. Hutson, «Anatomy of the clitoris», *The Journal of Urology*, 174 (2005), pp. 1189-1195.

Pandit, A., L. Meyaard, y T. Radstake, «Is sex bias orchestrated in the skin?», *Nature Immunology*, 18 (2017), pp. 142-143.

Telemadrid. Reiki en Hospital Ramón y Cajal (Alaia), consultado el 24 de marzo de 2021.

Verhaeghe, J., R. Gheysen, y P. Enzlin, «Pheromones and their effect on women's mood and sexuality», *Facts, views & vision in ObGyn*, 5(3) (2013), pp. 189–195.

Vidoni, E. D., D. K. Johnson, J. K. Morris, A. Van Sciver, C. S. Greer, S. A. Billinger, J. E. Donnelly, y J. M. Burns, «Dose-Response of Aerobic Exercise on Cognition: A Community-Based, Pilot Randomized Controlled Trial», *PLoS One*,10 (7) (2015).

Wallen, K., y E. A. Lloyd, «Female sexual arousal: genital anatomy and orgasm in intercourse», *Hormones and Behavior*, 59 (5) (2011), pp. 780-792.

Wang, Z., Z. Ying, A. Bosy-Westphal, J. Zhang, M. Heller, W. Later, S. B. Heymsfield, y M. J. Müller, «Evaluation of Specific Metabolic Rates of Major Organs and Tissues: Comparison Between Men and Women», *American journal of human biology: the official journal of the Human Biology Council*, 23 (3) (2011), pp. 333-338.

Wessel, L., «Do human pheromones actually exist? Study casts further doubt on mysterious compounds», *Science*, 2017.

Wilhelmson, A. S., M. Lantero Rodriguez, y A. Stubelius, «Testosterone is an endogenous regulator of BAFF and splenic B cell number», *Nature Communications*, 9 (2018), p. 2067 (2018).

Quinta parte.
Y no lo quita la aspirina... Interacción con fármacos

«Chronic Cocaine Use Changes Brain Structure and Cognitive Function in Rhesus Monkeys», disponible en <https://www.drugabuse.gov/news-events/nida-notes/2021/08/chronic-cocaine-use-changes-brain-structure-cognitive-function-rhesus-monkeys on 2021>, consultado en 2021.

«Comic hígado», disponible en https://prometheuscomic.wordpress.com/>.

«How does cocaine produce its effects?», disponible en <https://www.drugabuse.gov/publications/research-reports/cocaine/how-does-cocaine-produce-its-effects>, consultado en 2021.

«Marihuana medicinal», disponible en <https://www.health.harvard.edu/blog/medical-marijuana-2018011513085>.

«Penicilin ́s first Patient», disponible en <https://mosaicscience.com/story/penicillin-first-patient-history-albert-alexander-AMR-DRI/>.

Avena, N. M., P. Rada, y B. G. Hoebel, «Evidence for sugar addiction: behavioral and neurochemical effects of intermittent, excessive sugar intake», *Neuroscience and Biobehavioral Reviews*, 32 (1) (2008), pp. 20-39.

Beecher, H. K, «The powerful placebo», *Journal of the American Medical Association*, 159 (17) (1955), pp. 1602-1606.

Botting, R., y S. S, Ayoub, «COX-3 and the mechanism of action of paracetamol/acetaminophen», *Prostaglandins Leukot Essent Fatty Acids*, 72 (2) (2005), pp. 85-87.

Chang, J. S., J. R. Hsiao, y C. H. Chen, «*ALDH2* polymorphism and alcohol-related cancers in Asians: a public health perspective», *Journal of Biomedical Science*, 24 (2017), p. 19.

Donati, B., y L. Valenti, «Telomeres, NAFLD and Chronic Liver Disease», *International Journal of Molecular Sciences*, 17 (3) (2016), p. 383.

Ensor, B. R., y T. P. Middlemiss, «Benchmarking opioids in the last 24hours of life», *Internal Medicine Journal*, 41 (2011), pp. 179-185.

Escohotado, A., *Historia general de las drogas*, S.L.U., Espasa Libros, Madrid, 1999.

Gentry, W. B., D. Rüedi-Bettschen, y S. M. Owens, «Anti-(+)-methamphetamine monoclonal antibody antagonists designed to prevent the progression of human diseases of addiction», *Clinical pharmacology and therapeutics*, 88 (3) (2010), pp. 390-393.

Smith, L. C., P.T. Bremer, C. S. Hwang, B. Zhou, B. Ellis, M. S. Hixon, y K. D. Janda, «Monoclonal Antibodies for Combating Synthetic Opioid Intoxication», *Journal of the American Chemical Society*, 26 (2019), pp. 10489-10503.

Tiniakosa, D. G., A. Kandilis, y S. A. Gellerb, «Tityus: A forgotten myth of liver regeneration», *Journal of Hepatology*, 53 (2) (2010), pp. 357-361.

van Dam , R. M., F. B. Hu, W. C. Willett, Coffee, Caffeine, and Health, *N Engl J Med*, 383 (4) (2020), pp. 369-378.

van Gulik, T. M., M. M. van Gulik, y H. H. Koning, «Prometheus and liver regeneration: the dissection of a myth», *Nederlands Tijdschrift voor Geneeskunde*, 162 (2018).